大自然珍藏系列

常见昆虫

Chang Jian Kun Chong

唐志远　编著

中国林业出版社

图书在版编目（CIP）数据

常见昆虫／唐志远编著.
—北京：中国林业出版社，
2008.1
（大自然珍藏系列）
ISBN 978-7-5038-5168-1
I.常… II.唐…
III.昆虫－图集
IV.Q96-64
中国版本图书馆CIP数据核字
（2008）第013161号

唐志远，《中国国家地理》杂志青春版的专职摄影师、图片编辑；中国生态摄影论坛"绿镜头"创始人。

出版：中国林业出版社
地址：北京市西城区刘海胡同7号
邮编：100009
E-mail:cfphz@public.bat.net.cn
电话：66184477-2055
发行：新华书店北京发行所
印刷：北京市同江印刷有限公司
版次：2008年3月第1版
印次：2008年3月第1次
开本：889mm × 1194mm 1/64
印张：7.5
字数：70千字 图片：900幅
印数：1～5000册
定价：48.00元

http://www.G-lens.com
http://www.dmbug.com
Email:dreamman26@vip.sina.com

虫内·虫外

——代序

每个人的生命都相似，只是点缀在生命里的希望和梦想使它有所差异，是唐志远让我对这句话有了更深刻的理解。

夏末秋初的中蒙边境草甸上，大群的蚊子正在为即将到来的寒冷之秋奋力一搏，它们聚在一起像没头苍蝇一样到处寻找新鲜的血液来补给身体，过往的人、动物都避之不及……这时却见一壮汉站在草地中，捋起袖子裸露出整个的胳膊宴请群蚊，另一只包裹得严严实实的胳膊则稳端着180mm的微距镜头，咔嚓咔嚓地记录着这“血腥”的一幕。这个人，就是我认识的唐志远，虽然他还很年轻，但朋友们都亲切地叫他为“老唐”。

老唐很多时候像某洗衣粉品牌里那个淘气的孩子，从第一次见到他，我就总会想起《蜡笔小新》里的经典名句“滚来，滚去……”这就是他拍摄时常用的姿势，身体如朝圣者般服贴大地，用低角度来寻找那些看似微小的生命，用镜头记录它们的故事。老唐也是个超级勤奋的人，从很多他拍的照片中都能看到：小虫子脸上挂着清晨晶澈的露珠。

7年前出道至今，老唐从一部小小的家用数码起家发展到今天的世界顶级微距摄影装备。现在在他身上的头衔也是一大堆，著名生态摄影师，中国最牛的生态摄影论坛“绿镜头”创始人，野性中国摄影训练营的摄影老师，或是那个走进全国数家大中小学给大小朋友们讲授自然知识的唐叔叔、唐老师……这些，都不影响他继续在充满生命的地球表面以匍匐的姿势找找拍拍。

跟着这位牛人以看似随意的心态拎着相机出去，总会超级开心。像一场郊游一样，却也总能得到意外的收获，这便是大自然的赐予吧。也许正是因为这样的可遇而不可求，才使你看到手中这本书。7年的积累和热情被凝聚在480张的书页中，无论是谁，只要你对大自然还保有一份眷恋，都会从此书中获益匪浅。拿着它，当你在林间、草丛寻访那些小精灵时，总能达到事半功倍的效果，使陌生客变得熟稔。

跟老唐呆久了，你也会有这样的“高觉悟”：就算拍不到也没关系，只要看到了就已足够，拍到就是额外的礼物。他也常拿这样的话来鼓励身边那些有同样爱好却无力购买专业摄影设备的朋友。确实是这样，大自然的美好不是靠出一张片子来决定的，能旁观这个过程，就已经是很幸福的事。

是的，不要仅仅称这个满世界乱跑的大孩子为“昆虫摄影师”，此刻的你捧到这本书的时候，这家伙也许正在掩体里面装扮成天鹅或是岩羊，也许在拍着雪山草地或是闪电晚霞，又或者是眼神清澈的孩子、能歌善舞的新疆美女……从第一次采访老唐至今，思索很久，我依然无法准确地用一个词或一句话描述他，他是随意的、认真的、野性的、细腻的，又是灵性的、敏锐的、单纯的、坚韧的，他的优秀无法被等待，因为他不属于一个人或一个地方，而像一汪永远在流动的清泉。

在途中发现美，在发现中传递美，老唐毫不吝惜地把这过程中美的体验传达给大家。从爱上大自然开始爱上生活，你会发现，生活原来可以如此美妙。相信这本书将是引领你走入自然之门的第一把密钥，为你开启一路旅程，亲手触摸生命的美好。

芝麻糖

注：本书中各种昆虫的分布区域中介绍的各大区的范围，华东地区不包括台湾省；西藏自治区归属到西南地区而不是西北地区。

前 言

昆虫是自然界中数量最为庞大的类群，迄今为止，它们在地球上已经生活了 4 亿年。它们就生活在我们身边，无处不在。从最初的兴趣，一直到今天，从壮美的自然景观到微小的花朵或是露珠，我总是被自然深深地感动着。我用镜头去捕捉所有自然的东西，而在身边最为常见的昆虫自然就成了最好的“模特”。7 年的时间，我拍摄了几十万幅昆虫的图片。这也是本书的一个累积过程，看似繁复的工作，其实没有丝毫的倦怠，反倒是充满了乐趣。

本书集结了近千张图片，介绍了大约330 多种昆虫。除部分需要饲养拍摄的幼虫图片外，所有图片均为**野外自然条件下拍摄**。本书中选取的种类多为北方常见种类，很大一部分种类和南方也有所交叠。本书尽量为大家提供了更多不同的虫态以及相关知识，让读者可以更方便地在野外找到这些昆虫。为了让读者了解各目昆虫的特征，本书也少量列举了一些不太常见的昆虫，它们的形态均代表了所在科目的特征。

本书有三大特点：其一，在书中展现的不是死气沉沉的昆虫标本，你也不会看到人为摆布的痕迹，你将看到它们**最自然的状态**。在花朵里打着滚的蜜蜂，撕扯猎物的螳螂，啃食叶片的毛虫，甚至是正在飞行的蜻蜓。清晰的物种展示和唯美的视觉享受是自然摄影的最高境界，也是我这些年来一直给自己既定的目标。其二，本书力求展示昆虫的行为细节。这些年来坚持不断地持续拍摄，对昆虫有了更多的了解，从而也让我更痴迷于这个神奇的昆虫世界。它们那些**奇特的行为**让我着迷：蜘蛱蝶会把卵摞起来产；小弄蝶幼虫用丝线拉紧叶片织巢；黑脉蛱蝶的幼虫居然躲在落叶里过冬；生活在水里的黄缘龙虱幼虫必须要上岸化蛹；长瓣树蟋在交配前会先送礼物……其三，本书中展示了多种昆虫完整生活史的图片，除了大量的野外观察拍摄外，我的拍摄对象还有一部分是我自己精心饲养的昆虫，观察一粒卵是怎样变成一只蝴蝶的，观察生活在水里的蜻蜓稚虫怎样出水羽化……跟踪昆虫们的成长过程，这些内容，在其他同类书籍中也是不常见的。

我在2003年创办了“绿镜头生态摄影论坛”(www.G-lens.com)，这里集结了大量的生态摄影爱好者。也正是“绿镜头”让我认识了更多的朋友。在这里要感谢一些朋友对此书的帮助。他们分别协助我做了部分昆虫的文字资料整理和鉴定工作，感谢陈尽（蜻蜓目）、周达康（鞘翅目）、张瑜（螳螂目）、蒋澈（直翅目）、刘彬（鳞翅目蝶类）、韩辉林（鳞翅目蛾类）等，还要感谢周博一对所有科目昆虫区域划分的核对工作，感谢绿镜头的朋友，感谢家人的支持，感谢7年来经常陪伴我外出拍摄的朋友们，没有你们就没有此书的出版。当然，也要由衷地感谢我的这些昆虫伙伴，它们总是无私地把最精彩的一面展现给我，从没要过一点点的出场费。也正是它们，让我真正明白了众生平等的意义。

希望通过本书，读者能够感受到最强烈的自然气息，能够有想出去亲眼看看这些小家伙的冲动，那么，我所做得这一切工作也就没有白费。真的，在工作之余，在郊外的山林抑或是小区的草丛中，只要你愿意心平气和地蹲下身来，放低你的视角，你就会发现本书中所呈现的这些“模特”。

唐志远

2008.1 于北京

目录

卵散产在叶片正面。

风蝶科凤蝶属。又名琉璃翠凤蝶。

分布于我国西南、华中、华东、华北、东北等地的部分地区及台湾省。

绿带翠凤蝶因成虫翅正面闪亮的绿色宽带而得名。成虫飞行速度很快，常沿山溪水道飞行。在北方1年发生2代。发生期为5～8月。幼虫寄主为黄檗。

识别要点：翅展75－123mm。翅正面主色黑色，密布金绿色鳞片。前翅亚缘具黄绿色横带纹；后翅外缘有6个略呈新月形的红斑，臀角红斑圆形。本种分为春、夏两型，春型体形较小，色泽鲜艳；夏型较大，颜色较深。

绿带翠凤蝶

拉丁名：*Papilio maackii*

刚刚孵化的1龄幼虫正在取食卵壳。

绿带翠凤蝶会根据环境产生深色型幼虫。

末龄幼虫前胸有着漂亮的花纹图案。

伸出“臭角”恐吓天敌的2龄“鸟屎”状幼虫。

绿带翠凤蝶以蛹越冬，蛹也有几种不同的色型。

预蛹

展翅的夏型柑橘凤蝶。春型颜色更鲜艳，个体稍小。

凤蝶科凤蝶属。又名花椒凤蝶。

几乎遍布全国各地。

发生期5～10月，1年发生2代，成虫飞行速度很快，喜访花，也常见于溪边，为北京地区常见种类之一，从平原到山地都有分布。幼虫寄主为山花椒，以蛹越冬。

凤蝶科多为大型美丽的种类，多数种类的后翅有尾突。它们飞行迅速，喜欢在阳光下访花。凤蝶幼虫在受到惊吓时，前胸背中央会翻出一个散发怪味的分泌腺——臭角。

识别要点： 翅展70～100mm，翅正面主色绿黄色。前、后翅外缘有黑色宽带，前翅8个，后翅6个黄绿色新月形斑。后翅臀角处有1个橙色圆斑，中间有1个黑色小点。成虫分春、夏两型，春型较夏型体形小。

柑橘凤蝶

拉丁名：*Papilio xuthus*

末龄幼虫变化为绿色，这时候多在较粗的枝条上爬动。各龄期幼虫受到惊吓后都会伸出臭角。

低龄前幼虫呈"鸟屎"状，可以很好地躲避天敌。

卵散产在叶片正面，尤其植株嫩芽上较多。

▼ 末龄幼虫化蛹过程。

根据不同颜色的附着物而变化颜色的蝶蛹。

柑橘凤蝶蛹的颜色会依附着物而变化。尤其是需要越冬的蝶蛹，通常都会有很好的保护色，而且幼虫会爬行到距离寄主植物很远的地方，例如石缝、房檐下化蛹。

刚刚羽化的柑橘凤蝶。

凤蝶科凤蝶属。
几乎遍布全国各地。

▲ 刚羽化的金凤蝶正在晾晒翅膀。

发生期5～8月，1年发生2代。成虫飞行速度较快，喜访花，山地多见，平原地区有时候也能见到。幼虫寄主为伞形花科的茴香和水芹。以蛹越冬。金凤蝶的蛹也有多种色型。

识别要点：翅展73～85mm。本种外形酷似柑橘凤蝶。主要区别是：翅正面主色金黄色；前翅外缘具黑色宽带，宽带内嵌有8个黄色椭圆斑，中室端部有2个黑斑，翅基部黑色。后翅外缘黑色宽带嵌有6个黄色新月斑，其内侧另有略成新月形的蓝斑，后翅臀角橙色圆斑较大，中间无黑点。成虫分春、夏两型，春型较夏型体形小。

金凤蝶

拉丁名：*Papilio machaon*

▲趴在伞形花科植物上的金凤蝶老熟幼虫。身上附着有大量寄蝇卵。在野外，幼虫被寄生的几率很高。

蛹

低龄幼虫

▶正在吸食花蜜的金凤蝶。

雄性丝带凤蝶主体白色，在北京，发生期数量较多。

凤蝶科丝带凤蝶属。又名马兜铃凤蝶。

分布于东北、华北、西北、华中、华东等地的部分地区。

发生期为5～8月，1年发生2代，分春、夏两型，多分布在海拔1000m以下的低山，偶尔在高山带和平原地区也能见到个别成虫。幼虫寄主为马兜铃科的马兜铃。

雌雄异型。成虫飞翔缓慢，常贴近地面滑翔，甚是美丽，俗称“梁山泊”与“祝英台”。雌性经常在寄主植物周围活动，不善飞行，所以给人感觉雌性数量很少。

识别要点：翅展52～64mm，翅很薄，尾状突细长，触角很短。翅黄白色，布满黑色斑纹。雄蝶翅斑纹稀疏，分重型斑和轻型斑。雌蝶翅布满黑色斑纹，后翅臀角附近的红色区及蓝色斑点较雄蝶显著。

拉丁名：*Sericinus montelus*

丝带凤蝶

▲丝带凤蝶产在马兜铃叶背的卵。它们有时也会把卵产在枝条上。

◀末龄幼虫（因地域不同会有差别，有些幼虫身体上有花纹）。

▼多数凤蝶的卵都是这样圆滑没有花纹的。

拉丁名：*Parnassius nomion*

小红珠绢蝶

小红珠绢蝶在受到惊吓的时候会猛地打开翅膀露出红色圆斑恐吓天敌。

绢蝶科绢蝶属

分布于华北、东北、西北等地的部分地区。

成虫发生期为6～8月，1年发生1代。分布于海拔1700m以上的亚高山草甸。成虫喜访花，飞行缓慢，常滑翔。为北京地区的珍稀蝶类。

识别要点：翅展69～77mm。体黑色，颈部毛黄色。翅正面白色，翅脉黄褐色。前翅前缘有2个横列的外围黑环的红斑，外缘半透明，亚外缘在翅脉间有灰褐色新月斑。中室脉斑和中室内斑大，黑色。后翅前缘及翅中部各有1个外围黑环的红斑，红斑中镶白斑或白点，外缘半透明。翅反面似正面，但后翅翅基和内缘宽黑带上嵌有6个红斑。

拉丁名：*Parnassius stubbendorfii* 白绢蝶

绢蝶科绢蝶属

分布于华北、东北、西北、西南等地的部分地区。

成虫发生期为5月下旬至6月中旬，1年发生1代。分布于海拔800m的低山地区。成虫喜欢在林间穿梭滑翔，飞行速度很慢。为北京地区珍稀蝶类。

◀交配中的白绢蝶。交配后，雌蝶尾部会生成一个角质臀套，不能再进行交配。

识别要点：翅展62～68mm。体黑色，颈部毛灰色。翅正面白色，翅脉黑色。前翅隐现半透明外缘带，有的个体甚至完全无斑纹。后翅后缘有长条大黑斑。翅反面似正面。

粉蝶科菜粉蝶属。又名菜白蝶。
分布遍及全国各地。

菜粉蝶较为常见，城市花园中、郊野菜地，到处都可以见到它们翻飞的身影。菜粉蝶幼虫菜青虫寄主为十字花科植物，为农业害虫。成虫发生期3～11月，1年发生4～5代。成虫喜访花，飞行缓慢，数量极多。

识别要点：雌雄异型。翅展40～52mm。翅正面和脉纹白色，斑纹黑色。前翅正面顶角斑近三角形，中域两个斑大小相近，下部斑常不明显；后翅前缘有1个黑色斑，部分个体常退化或缺失。翅基部和前翅前缘具黑色鳞片而色暗，雌蝶明显深于雄蝶。前后翅边缘均无斑点。

菜粉蝶

拉丁名：*Pieris rapae*

幼虫寄主为十字花科植物。

幼虫会爬到离寄主植物较远的地方化蛹。

正在交配中的菜粉蝶。

粉蝶科云粉蝶属。又名花粉蝶。
分布几乎遍及全国各地。

成虫发生期为4～9月，1年发生3代。成虫喜访花，飞行缓慢，数量很多，常会停歇在植株顶端休息。从平原到山地都有分布。幼虫寄主为十字花科植物，为农业害虫。

识别要点： 翅展38～52mm。体黑色，密披白色长毛。翅正面粉白色。前翅中室横脉处有1个黑色宽斑，内有白色细线将其分割，顶角和后翅（雌蝶）外缘有几个黑斑组成花纹状。雄蝶后翅外缘无斑纹。前翅反面斑纹墨绿色，图案同正面，中域近后缘的1个斑周缘模糊，但较正面明显。后翅的斑纹相连成云状，故名云粉蝶。

云粉蝶

拉丁名：*Pontia daplidice*

▲ 云粉蝶蛹较菜粉蝶更为艳丽。

▼ 即将化蛹的云粉蝶幼虫。

粉蝶科绢粉蝶属。又名山楂粉蝶。

分布于华北、东北、西北、华中、华东、西南等地的部分地区。

成虫发生期为5～8月，1年发生1代。成虫常聚集在溪边潮湿的地表吸水，飞行速度不快，数量极多。幼虫寄主为蔷薇科的山杏、梨、苹果、桃等经济植物，为农业的害虫。

识别要点： 翅展61～77mm。体黑色，着灰白色长毛。触角黑色。前后翅正面均为白色，外缘及脉纹为黑色，无斑纹。前后翅反面白色。

绢粉蝶

拉丁名：*Aporia crataegi*

▲距离寄主植物很远的绢粉蝶蛹。

▲绢粉蝶幼虫群集织丝巢过冬。早春植株发芽时便出来取食。

▼在林下群集吸水的绢粉蝶。

群集吸水的小檗绢粉蝶。

粉蝶科绢粉蝶属。

分布于华北、东北、西北、华中、西南等地的部分地区及台湾省。

成虫发生期为6～8月，1年发生1代。在北京地区比绢粉蝶的发生晚半个月。成虫喜访花，常在溪边吸水，飞行速度较快，数量较多。幼虫寄主为小檗科植物。

识别要点： 翅展63～73mm。体黑色。翅正面前翅为白色，后翅为淡黄色。脉纹黑色。前翅近脉端扩展并连接，顶角黑色边较宽。反面无斑纹。与绢粉蝶很相似。但后翅反面翅基有1个鲜黄色斑可以区别。

拉丁名：*Aporia hippia*

小檗绢粉蝶

▲ 幼虫集体织巢越冬。

◀ 群集过冬的幼虫。有时候数量会多达几十只。

正在吸食太平花的酪色绢粉蝶。

粉蝶科绢粉蝶属。

分布于华北、华中。

成虫发生期为6～8月，1年发生1代，成虫喜访花。

粉蝶科是蝶类中比较常见的种类。它们大都飞行较为缓慢，翅面多为比较素雅的颜色。也有个别种类生活在高山草甸上，颜色及其艳丽，飞行迅猛。

识别要点：翅展80mm左右，翅面基部淡黑色，端半部色稍浓，翅脉深黑色，前翅中室有3条、后翅中室有2条基部连接的黑色细纹，缘室各有1条黑色细纹。

拉丁名：*Aporia intercostata*

酪色绢粉蝶

◀正在求偶的酪色绢粉蝶。

粉蝶科豆粉蝶属。

分布于东北、华北、西北、华中、西南、华东等地的部分地区。

发生期4月下旬至翌年11月，1年发生3～4代。成虫喜访花，飞翔迅速，从平原到山地都可见到，为北京地区常见种类之一。幼虫寄主为豆科植物。以幼虫越冬。

识别要点：翅展45～55mm。翅正面主色黄色，前翅外缘宽的黑色区中有黄色纹，中室有1个黑色点。后翅外缘的黑色纹多连成列。中室端的圆点在翅正面为橙黄色；反面为银白色，外有褐色圈。雌雄异型。雌蝶有两个型：一型为淡黄绿色，与雄蝶很容易区别；一为黄色，从颜色上和斑纹上很难区分。

斑缘豆粉蝶

拉丁名：*Colias erate*

交配中的斑缘豆粉蝶。

卵散产在叶片正面。

幼虫

雌蝶举起腹部拒绝雄蝶的求偶。

尖钩粉蝶

拉丁名：*Gonepteryx mahaguru*

粉蝶科钩粉蝶属。又名钩角粉蝶。

分布几乎遍及全国各地。

发生期6～8月，1年发生1代。成虫喜欢成群聚集在潮湿的地表或岩壁上吸水，也见访花。飞行速度不快。数量较少。特别机敏，较难靠近。雌雄异型。幼虫寄主为鼠李科的鼠李、酸枣。以成虫越冬。

识别要点：翅展53～66mm。雄蝶翅正面淡黄色，雌蝶翅正面淡绿色或黄白色，前翅顶角呈锐状钩突，雌蝶更加明显。前后翅中室内的橙色圆斑不太明显。翅反面颜色较正面淡。

突角小粉蝶

拉丁名：*Leptidea amurensis*

粉蝶科小粉蝶属。

分布于华北、东北、华东、西北、华中等地的部分地区。

成虫发生期为6～8月，1年发生1代。成虫喜访花。飞行速度很慢。数量不多。幼虫寄主为十字花科植物碎米芥。

识别要点： 翅展40～47mm。体小，纤弱。翅白色，中室短小，不足翅长的1/3，前翅正面端角处有黑色斑纹，外缘近直线倾斜，顶角明显突出，黑色斑大而明显。翅背面斑纹不明显。

斗毛眼蝶

拉丁名：*Lasiommata deidamia*

眼蝶科毛眼蝶属。

分布于东北、华北、华东、华中、西北、西南等地的部分地区。

发生期5月中旬至8月，1年发生2代。成虫少见访花，喜欢在岩壁上停息，停息时会不时扇动翅膀。常贴近地面飞翔，飞行迅速有力。数量较多。幼虫寄主为禾本科的鹅观草。

识别要点： 翅展48～54mm。翅正面主色黑褐色，缘毛白色。前翅近端部有白色斜带，近顶角有1个黑色眼状纹，围有黄色环，内有白点。后翅有2个同样眼状纹。翅反面色淡，前翅斑纹同正面，后翅外缘有2条淡色细线纹和6个眼状斑，其外侧有淡色的弧形线，其内侧亚外缘有白色宽带。

多眼蝶

拉丁名：*Kirinia epaminondas*

眼蝶科多眼蝶属。

分布于华北、东北、华东、华中、西北、西南等地的部分地区。

成虫发生期为6～8月，1年发生1代。成虫不见访花，喜在阴暗的林区活动，常见于树干上。飞翔迅速。从低山地区到亚高山草甸带都有分布，数量不多。幼虫寄主不详。

识别要点：翅展53～63mm。翅正面主色暗褐色。前翅亚缘有1列黄斑排成弧形，近顶角有2个黄斑及1个小的眼状斑。后翅亚缘带有4～6个大的黑色圆点。翅反面淡黄褐色，有不规则暗褐色线纹；后翅有6个褐色眼状纹，周围具黄色与暗褐色双重环，内有白色点，末端一个眼状纹中有白色点2个，从翅正面隐约可透视到。

交配中的蛇眼蝶。遇到危险，雌蝶会带着雄蝶做短距离飞行。

眼蝶科蛇眼蝶属。又名四眼黑眼蝶。

分布于东北、华北、西北、华中、华东等地的部分地区。

发生期为6月下旬至8月，1年1代。成虫活动范围比较广，平原到山地都可见其活动，常采取跳跃式飞翔，飞行缓慢，发生期数量很多。幼虫寄主为禾本科植物，以1龄幼虫越冬。

识别要点： 翅展雄蝶56～61mm；雌蝶66～71mm。翅正面主色黑褐色。前翅亚外缘有2个眼状斑，围有淡黄色环，有蓝紫色瞳点；后翅近臀角有1个小眼状斑，翅外缘呈齿状。翅反面，两翅亚外缘有1个深色条带，后翅有1条宽的灰白色中横带，前后翅眼状斑同翅正面。

拉丁名：*Minois dryas* 蛇眼蝶

◀蛇眼蝶1龄幼虫。

眼蝶科白眼蝶属。

分布于东北地区及华北、西北、华东、华中等地的部分地区。

成虫发生期为6～7月下旬，1年1代。成虫喜访花，常在阴处活动。飞行缓慢。低高海拔都有分布，在北京的亚高山草甸上数量很多。幼虫寄主为禾本科植物。

识别要点： 翅展65mm左右。翅主色为白色，斑纹黑色。前翅外缘黑色，近顶角和中域各有1条黑色带，后缘褐色带宽，中室内黑色区约占1/4；后翅亚缘有1条黑色宽带，此带在第5室断裂，中域至翅基除中室上端外皆白色。反面，前翅后缘淡褐色区宽，近顶角和中域的斜带细；后翅眼斑区黑褐色，亚外缘半月形斑较正面大。亚外缘有6个棕褐色眼斑，中室端脉上有小环斑，下有1条细横线。

白眼蝶

拉丁名：*Melanargia halimede*

眼蝶科通常体形较小，颜色多为灰暗或者黑褐色，翅的正面或反面有眼斑，很多种类喜欢隐藏在岩壁或杂草丛中，多于早晚在树丛中飞翔，飞行路线一上一下呈波浪状。幼虫寄主多为禾本科植物。

藏眼蝶

拉丁名：*Tatinga tibetana*

眼蝶科藏眼蝶属。又名西藏带眼蝶。
分布于华北、华中、西北、西南等地的部分地区。

成虫发生期为6月中旬到7月，1年1代，成虫喜欢在阴暗的林下活动，飞行速度不快，常停在岩壁或落叶上休息，数量不多。幼虫寄主不详。

识别要点： 翅展50～58mm。翅正面主色暗褐色。前翅端半部有斜列的几个淡黄褐色纹；后翅外缘黑色斑纹模糊。反面黄白色，斑纹黑褐色；后翅亚外缘有6个黑色圆斑，第1个特别大，其余成列，中心有1个极小的白色点。

拉丁名：*Davidina armandi*

绢眼蝶

眼蝶科绢眼蝶属。又名丫纹绢眼蝶。

分布于华北、东北、华中、西北、西南等地的部分地区。

发生期为6～7月，1年1代。成虫多活动于草丛中，飞行缓慢，从海拔800m的低山到海拔1800m的亚高山草甸带都有分布，数量比较多。为我国的特产种类。幼虫寄主不详。

识别要点： 翅展41～50mm。翅正面主色黄白色，脉纹黑色，外缘各室有黑色短线，前后翅中室内有“Y”形黑色纹。翅色似粉蝶，无眼状纹。

拉丁名：*Ypthima motschulskyi*

东亚矍眼蝶

眼蝶科矍眼蝶属。

分布于东北、西北、西南、华东、华南等地的部分地区。幼虫寄主为禾本科植物。

发生期为7～8月，1年1代。

识别要点： 翅展45mm左右。翅正面主色暗褐色。前翅端部有1个大黑色眼斑，后翅可见3个眼斑，前2个相连，近臀角1个极小。

拉丁名：*Coenonympha amaryllis*

牧女珍眼蝶

眼蝶科珍眼蝶属。

分布于华北、东北、华中、华东、西北等地的部分地区。

发生期为5月下旬至8月，1年2代。成虫活动范围比较大，低高海拔都有分布。成虫喜欢在草灌丛中活动，飞行缓慢并采取跳跃式飞翔，发生期数量不少。

识别要点： 翅展30～35mm。翅正面主色黄褐色。前翅亚外缘有3～4个模糊的黑斑，前翅和外缘棕褐色；后翅周缘棕褐色，亚外缘有6个黑色眼斑。前翅反面亚外缘有4～5个眼斑，其两侧有橙红色条纹，后翅基半部灰色显黄绿色，眼斑列内侧有波曲的白带。

眼蝶科舜眼蝶属。又名白点艳眼蝶。
分布于华北、华中、西南等地的部分地区。

发生期为7月下旬至8月中旬，1年1代。10月有时仍可见到个别成虫。成虫喜欢在潮湿、阴暗的林下活动，飞行很慢。常在阴暗的岩壁或叶片上停息，多分布在海拔1200m的山地，发生期数量较多。

识别要点： 翅展41～51mm。翅正面主色黑褐色，前翅近亚顶端有1个斜向外侧的黑色眼斑，中央有2个小白色瞳点；后翅无斑纹。前翅反面红褐色；后翅反面有灰白色细点，布满褐色细纹。

拉丁名：*Loxerebia saxicola* 白瞳舜眼蝶

▼ 在岩壁下群集休息的白瞳舜眼蝶。

眼蝶科阿芬眼蝶属。

分布于华北、东北、华中等地的部分地区。

发生期6～8月，1年1代。成虫喜欢在阴暗的林下活动，飞行速度缓慢，常采取跳跃式飞翔，从海拔800m到2300m都可见其活动，发生期数量很多。

识别要点： 翅展40～52mm。翅正面主色黑褐色，前后翅各有2个白心褐黄色眼状纹，缘毛褐黄色。反面色淡，无布状纹，眼斑比正面清楚。前翅3个眼斑；后翅5个眼斑，前2个眼斑位于中线处，后3个位于亚外缘处，中线内侧色较深。

拉丁名：*Aphantopus hyperanthus*

阿芬眼蝶

▼ 交配中的阿芬眼蝶。

拉丁名：*Coenonympha oedippus*

爱珍眼蝶

眼蝶科珍眼蝶属。

分布于东北地区及华北、华东、华中、西北等地的部分地区。

发生期6～8月，1年1代。成虫喜欢在草灌丛中活动，常在地面上停息，飞行缓慢，且采取跳跃式飞翔。常见访花。在北京一直可以分布到亚高山草甸带，发生期数量较多。

识别要点： 翅展37～43mm。翅正面主色暗褐色，雄蝶无斑纹，雌蝶色稍淡，后翅可隐约透视反面斑纹。反面黄褐色，前翅亚缘黑色眼状纹雌蝶有3～4个，雄蝶仅有1～2个或者消失；后翅一般有5～6个眼状纹，如为5个时第二个极小，第一个孤立，很大，其他几个排成列，内侧有1条淡色横线，沿外缘有金属铅色细线。

拉丁名：*Coenonympha hero*

英雄珍眼蝶

眼蝶科珍眼蝶属。

分布于华北部分地区、东北部分地区。

发生期为6月下旬至7月下旬，1年1代。成虫喜欢在草灌丛及岩壁周围活动，飞行缓慢，常见于海拔800m的山地，数量不多。

识别要点：翅展34～39mm。翅正面主色褐色或淡黄色，亚缘线白色，前翅亚外缘可见1～2个眼斑，后翅亚外缘有4～5个眼斑。反面，前翅有1条白色横带，后翅白色横带外侧呈锯齿状，翅基半部色浓，眼斑黑色有白瞳，围有黄圈。

蛱蝶科钩蛱蝶属。又名金钩角蛱蝶。

除西藏外全国各地均有分布。

发生期3～11月。1年2代。成虫飞行迅速，分布范围非常广，平原到山地都有分布，数量很多。幼虫寄主为葎草。以成虫越冬。

春型黄钩蛱蝶颜色较浅。准备越冬的秋型黄钩蛱蝶颜色较深，它们会藏在草丛或枯叶里过冬。

识别要点：翅展50～60mm。本种有夏、秋两型。与白钩蛱蝶非常相似，主要区别是：翅正面主色黄褐色；翅基部有黑色斑，前翅中室内黑色斑3个，前后翅外缘突出部分尖锐（秋型更显著）。

拉丁名：*Polygonia c-aureum* 黄钩蛱蝶

▲黄钩蛱蝶的卵，通常散产在寄主植物葎草的正面叶尖处。

末龄幼虫

春型

蛹

秋型

蛱蝶科钩蛱蝶属。又名银钩角蛱蝶。

分布于我国广大地区。

发生期4～9月，1年2代。成虫飞行迅速，常在林缘活动，数量很多。幼虫寄主为榆树，喜欢藏在叶背。以成虫越冬。

白钩蛱蝶翅正面，前翅中室内有2个黑斑，而黄钩蛱蝶为3个黑斑。

识别要点：翅展50mm左右，翅正面红褐色。外缘有暗色带，翅面散布同暗色斑点。翅反面黄褐色或青灰色，密生细波线花纹，后翅中室端有L形银色斑纹。本种有夏、秋两型。秋型前后翅明显离开，外缘带宽，黑褐色，凹凸剧烈，L形纹更醒目，正反面色浓重。

白钩蛱蝶

拉丁名：*Polygonia c-album*

▲蛹有漂亮的金属斑。

幼虫警戒姿态。

白钩蛱蝶翅反面，具有很强的保护色效果。▶

喜欢隐藏在榆树叶片下边的白钩蛱蝶幼虫。▼

蛱蝶科蛱蝶属。

分布于华北、东北、华中等地的部分地区，西北地区。

发生期6月中旬至7月下旬，1年1代。成虫飞行迅速，喜欢在潮湿的地表和岩壁上停息。北京多分布在中山地带，发生期数量很多。幼虫寄主为柳树，常群集发生。以成虫越冬。

识别要点：翅展60～65mm。翅正面主色红黄褐色。外缘锯齿状，前翅外缘有2条暗褐色带，杂有黑褐色与青蓝色，内侧有1条黑色宽带，近顶角有1个黑色斑纹和淡色斜纹。另外，前翅有多个黑色斑：中室内2个，中室端1个，第二室2个，3～4室各有1个。后翅外缘同前翅，近前缘有1个黑色大斑，翅基部被红黄褐色长毛。翅反面基半部黑褐色，端半部黄褐色，密布细波纹，外缘黑褐色，中室有1个淡色小点，内缘至基部被黑褐色长毛。

朱蛱蝶

拉丁名：*Nymphalis xanthomelas*

预蛹

幼虫

朱蛱蝶在柳树枯枝上群集化蛹。

寄主植物柳树

蛱蝶科窗蛱蝶属。又名双膜孔蛱蝶。

分布于华北、东北、西北、华中、华东等地的部分地区。

发生期4月中旬至5月底，1年1代。成虫飞行迅速，雄虫常在溪边发现，雌虫活动范围比较窄，只在寄主周边活动。

明窗蛱蝶在北京主要分布在低海拔地区，发生期数量不少，是比较美丽的种类。幼虫寄主为朴树，编织叶片筑巢，喜藏于叶背。以蛹越冬。

识别要点：翅展60mm左右。翅正面主色金黄色，有金属光泽，外缘有1条黑褐色宽带；前翅近顶角有1个三角形黑色斑，内有2个银白色透明圆点（雌蝶3个），中室内和端部及下方各有1个黑色斑，第二室有1个黑色眼状纹，中心黄褐色；后翅沿缘有4个黑色斑。反面前翅黄色，斑纹同正面；后翅基半部黄白色，端半部色暗，有波状细线，中央有1条褐色斜纹。

明窗蛱蝶

拉丁名：*Dilipa fenestra*

低龄幼虫

末龄幼虫

琉璃蛱蝶

拉丁名：*Kaniska canace*

幼虫

蛹

蛱蝶科蛱蝶属。

广泛分布于全国各地。

1 年 2 代。发生期第一代为 4 月中旬至 5 月初，第二代为 9 月。成虫飞行迅速，发生期数量较少，常沿山溪水道滑翔，喜在溪边吸水。成虫领地意识较强，有驱赶其它蝴蝶的行为。幼虫寄主为菝葜。

识别要点：翅展 53～66mm。翅正面主色黑褐色，亚顶端部有 1 个白斑；两翅外中区贯穿 1 条蓝色宽带，带在前翅呈“Y”状，在后翅有 1 列黑点。翅反面基半部黑褐色，端半部褐色，后翅中室有 1 个白点。

拉丁名：*Sephisa princeps*

黄帅蛱蝶

在叶片正面编织丝垫休息的低龄幼虫。

末龄幼虫头部特写。

蛱蝶科帅蛱蝶属。

分布于华北、东北、华中、西南、西北、华东等地的部分地区。

发生期为6月下旬至7月下旬，1年2代。成虫飞行迅速，喜欢吸食树汁，在水塘边也常能发现，数量较少。幼虫寄主为蒙古栎，以3龄幼虫在落叶上越冬。

识别要点： 翅展66～73mm。翅正面主色橙黄色，脉纹黑色，外缘有2条黑色线，亚缘有波状黑色带，前翅中室内有2个黑色小斑常相连，端部与其外侧有2个黑色大斑，下方有1个圆形黑色斑，后缘基部黑色；后翅近前缘中央和基部有2个黑色斑，中区有2～3个淡褐色或黑色小点。前翅反面淡黄色，顶角有几个白色斑；后翅白色，有网状纹，亚缘中后部斑橙黄色。

蛱蝶科红蛱蝶属。又名印度赤蛱蝶。

广泛分布于全国各地。

发生期6～9月，1年2代。成虫飞行迅速，喜欢吸食树汁和腐烂的果汁，平原到山地都有分布。为北京地区常见种类，数量很多。幼虫寄主为榆树。以成虫越冬。

▼出巢取食的末龄幼虫。

识别要点： 翅展53～62mm。前翅正面主色为黑色，外缘波状。前翅中央有宽红色横带斑，近顶角有白色小斑；后翅暗褐色，外缘红色，内有4个黑色小点。后翅反面有云状斑，外缘内侧有4个不明显的眼斑。

大红蛱蝶

拉丁名：*Vanessa indica*

▲大红蛱蝶的幼虫躲在自己编织的叶巢里。

▶大红蛱蝶的蛹，通常都用榆树叶片包裹起来。

蛱蝶科红蛱蝶属。又名全球赤蛱蝶。

全世界广泛分布。

发生期5～10月，1年2代。成虫飞行迅速，喜欢吸食树汁和腐烂的果汁。平原到山地都有分布，为北京地区常见种类，数量很多。以成虫越冬。

蛱蝶科种类数量较多，体形为中到大型。飞行迅速，反面多为低调的伪装色，翅的正面通常有艳丽的色彩。成虫喜食树汁、发酵的水果，甚至动物粪便。

识别要点： 翅展47～59mm。与大红蛱蝶相似，除体形较小外，翅面斑纹的主要区别是：前翅中域3个黑斑相连，前翅主色不是黑色，而是黑褐色；前翅中央大块色斑与后翅外缘不是红色，而是橘红色。

拉丁名：*Vanessa cardui* 小红蛱蝶

蛱蝶科蛱蝶属。

分布于华北、东北、西北、西南区、华南等地的部分地区。

发生期6～9月，1年1代。成虫飞行迅速，北京多分布在中高海拔山地，发生期数量很多。幼虫寄主为荨麻。

识别要点： 翅展50～57mm。翅正面主色橘红色，前翅前缘黄色，有3块黑斑，后缘中部有1个大黑斑，中域有2个较小黑斑；后翅基半部灰色。两翅亚缘黑色带中有淡蓝色三角形斑列。反面前翅黑赭色，3个黑色前缘斑与正面一样，顶角和端缘带黑色；后翅褐色，基半部黑色，外缘有模糊的蓝色新月纹。

荨麻蛱蝶

拉丁名：*Aglais urticae*

▲ 正在寄主植物叶背产卵的荨麻蛱蝶。

蛱蝶科蛱蝶属。

分布于华北、东北、西南等地的部分地区及西北地区。

发生期6～8月，1年1代。成虫飞行迅速，喜在岩壁上停息。北京分布在800～2300m的中高山地带，数量不少。低龄幼虫群居，寄主为荨麻。以成虫越冬。

识别要点： 翅展49～57mm。翅正面主色朱红色，前翅顶角有孔雀尾眼状斑纹，其外侧包黑色半环，中间散有青白色鳞片；后翅色暗，中室下方朱红色，前缘附近有孔雀尾眼状斑，中心黑色，闪青紫色光。翅反面黑褐色，有浓密的黑色波状细线。

孔雀蛱蝶

拉丁名：*Inachis io*

▼ 被蝽类捕食的幼虫。

▼ 蛹遇到触碰时会剧烈抖动。

蛱蝶科闪蛱蝶属。

分布于华北、西北、华中、华东、西南等地的部分地区及东北地区。

发生期为6～9月，1年2代。成虫飞行迅速，常在寄主周围活动，喜欢吸食树汁和粪便，多分布在低海拔地区的平原和山地，数量很多。幼虫寄主为柳树。以二龄幼虫越冬。

识别要点： 翅展52～73mm。翅正面主色黑褐色，雄蝶有紫色闪光，沿外缘有褐色细带。前翅中室内有4个小黑斑，成双排列，顶角斑3个，中室端外3个斑斜列；后翅亚缘有5～6个黑色斑。翅反面色淡，前翅斑纹同正面。

拉丁名：*Apatura ilia*

柳紫闪蛱蝶

雌蝶

雄蝶

卵

1 龄幼虫

2 龄幼虫

越冬态幼虫

末龄幼虫

蛱蝶科迷蛱蝶属。又名长眉闪蛱蝶。
分布于华北、东北、西北、华中等地的部分地区。

发生期6～8月初，1年1代。成虫飞行迅速，常活动于树顶，喜吸食树汁，数量较多。幼虫寄主为家榆。

识别要点：翅展65mm左右。翅正面主色黑褐色。前翅中室内有1条长箭状白色条纹，前翅顶角处有3个小白斑，中室外有6～7个白斑排列成弧形；后翅中部1列大白斑呈带状，亚缘有1列白点与外缘平行。

拉丁名：*Mimathyma nycteis*

夜迷蛱蝶

末龄幼虫

3 龄幼虫

蛱蝶科迷蛱蝶属。又名大闪蛱蝶。

分布于华北、东北、华中、西北、西南、华东等地的部分地区。

发生期为6月中旬至7月，1年1代。活动范围大，从海拔800m的低山到海拔1800m的中高山地带都有分布。成虫飞行迅速，常活动于树顶和潮湿的岩壁，喜欢吸食树汁。发生期数量很多。幼虫寄主为大果榆。

识别要点： 翅展76～80mm。翅正面主色黑褐色。前翅顶角有2个白色小斑，中域有1条外斜白带，近后角有橙色斑；后翅前角有2个白色小斑，中室外有卵形白色大斑；斑外有闪蓝灰色鳞片。雌蝶近臀角有橙色斑。翅反面颜色、斑纹与正面完全不同。前翅外缘有褐色带，顶角银白色，中室蓝灰色；后翅全为银灰色，外缘有褐色带，1/3处有1条橙色横带，两侧有黑色细边。

拉丁名：*Mimathyma schrenckii*

白斑迷蛱蝶

▲ 白斑迷蛱蝶的卵散产在大果榆树上较高的位置。

1 龄幼虫

末龄幼虫

蛱蝶科

分布于华北、东北、华中、华东等地的部分地区。

1年1代。雌性个体明显大于雄性，飞行速度极快，数米外就可以听到翅膀扇动的声音。有时会聚集在栎、榆等树上或者人畜粪便上吸取汁液。幼虫寄主为朴树。

识别要点： 翅展80～115mm。翅正面主色暗褐色，有白色斑。雄性翅正面基部和中部有紫色光泽；后翅臀角有2个相连的半月形红斑。翅反面斑纹同正面，但无蓝紫色光泽。

大紫蛱蝶

拉丁名：*Sasakia charonda*

▲ 4龄越冬态幼虫。

▼ 肥硕的末龄幼虫。

冬天在落叶中越冬的黑脉蛱蝶幼虫。

蛱蝶科脉蛱蝶属。又名红星蛱蝶。

分布于华北、东北、华东、西北、华南、西南等地的部分地区及华中地区。

发生期为5月中旬至7月，1年2代。成虫飞行迅速，常在树顶盘旋，也常在溪边吸水，喜吸食树汁。发生期数量很多。黑脉蛱蝶的卵有时会散产在寄主植物周围的枯叶中。4龄越冬态幼虫春天会爬到朴树枝干分叉处等待蜕皮。

识别要点： 翅展66~98mm。翅正面淡蓝绿色，脉纹黑色。前翅有多条横黑纹，留出淡蓝绿的底色酷似斑纹；后翅亚外缘后半部有4~5个红色斑，斑内有黑点。翅反面，黑色脉纹细，后翅的红色斑纹同正面。成虫春季有深浅两色型。

黑脉蛱蝶

拉丁名：*Hestina assimilis*

蛹

在朴树上的黑脉蛱蝶末龄幼虫有时候会很密集

末龄幼虫

交配中的春型浅色黑脉蛱蝶。

蛱蝶科脉蛱蝶属。

分布于华北、华中、华东、西南、华南等地的部分地区。

发生期5～8月，1年2代。成虫飞行较快，喜在溪边吸水。在北京多分布在低海拔山地。数量较多。幼虫寄主为朴树。

识别要点： 翅展60～69mm。分春、夏两型。春型与夏型的区别在于翅面斑纹较夏型浅。翅正面主色黑色，有淡绿白色斑纹；前翅外缘有1列小斑点，近顶角和中室端外各有3个成列斑纹，中室后脉和下角至后缘共有6个斑纹；后翅外缘有2列小斑点，中室为1条长条纹，肩角上方、外缘近基部各有1个斑纹，中室端上方有3个长大斑，下方有2个小斑。本种后翅无红色斑，易于与黑脉蛱蝶区别。翅反面色淡，斑纹同正面。

拟斑脉蛱蝶

拉丁名：*Hestina persimilis*

幼虫

卵

蛹

▼在小鸟脚印里吸水的拟斑脉蛱蝶。

蛱蝶科猫蛱蝶属。
分布于华北、华中、西北、华东、西南等地的部分地区。

发生期6～8月，1年1代。成虫飞行迅速，常在林间道路边停息，喜吸食树汁，发生期数量很多。幼虫寄主为朴树，多生活在低矮的灌丛状朴树上。

识别要点： 翅展44～45mm。翅正面主色土黄色，斑纹黑色，除前翅后缘及翅基处各有1条长或短条纹外，满布圆、长方、三角等形状斑纹：前翅沿外缘有2列大小不等的圆斑；中室6个，其中2个小而不规则；中室端部3个尖形斑，中室外3个，中室下3个。后翅基部有10多个斑纹，端部有3列圆斑。反面，前翅端部和后翅大部分黄白色，斑纹与正面相同。

猫蛱蝶

拉丁名：*Timelaea maculata*

蛹

▲躲藏在叶片背面的猫蛱蝶幼虫。

卵

蛱蝶科蜘蛱蝶属。

分布于华北、东北、西南、华南等地的部分地区。

发生期为5～7月，1年2代。成虫飞行迅速，多在水边活动。分布在中山地区，数量很多。幼虫寄主为荨麻。

识别要点： 成虫分春、夏两型。春型翅展39～46mm，翅正面主色橙黄色，具黑色斑，白色斑不发达。反面有紫色光泽，基半部有不规则细白线与翅脉交错成蜘网线。夏型翅展43～49mm，正面主色黑色，亚缘具橙黄色斑纹。前后翅均有白色中带，后翅白色中带稍直，翅反面无紫色光泽。

蜘蛱蝶

拉丁名：*Araschnia levana*

▲ 群集的蜘蛱蝶幼虫。

▶ 蜘蛱蝶的产卵行为在蝶类中是较独特的。它产的卵是摞起来的，呈“卵条”状，模拟植物枝条，这样可以减少天敌的危害。

蛱蝶科尾蛱蝶属。

分布于华北、西北、华中、华东、西南、华南等地的部分地区及台湾地区。

成虫发生期为4月下旬至6月，1年1代。成虫飞行速度较快，喜欢吸食粪便，也常在溪边发现。多分布在低海拔地区，数量不少。幼虫寄主为莸子梢、胡枝子等豆科植物。以蛹越冬。

识别要点： 翅展65～74mm。翅正面主色黄绿色。前翅前缘、外缘和亚外缘带黑色，亚缘有1列绿黄色斑，中室端脉和中室下脉黑色，并与亚缘黑带相连；后翅外缘与亚缘斑纹似前翅，后中域有1条黑色斜带，有两条短尾突，边黑色内蓝色。翅反面青白色，纹理同正面，条纹颜色为红褐色，内侧和外侧有银色边，后翅近外缘有1列黑色小点。

拉丁名：*Polyura narcaea*

二尾蛱蝶

▲二尾蛱蝶幼虫长着像龙一样的“犄角”。

蛱蝶科老豹蛱蝶属。

分布于华北、东北、西北、西南、华东等地的部分地区及华中地区。

发生期为6～8月，1年1代。成虫飞行迅速，喜访花。从低山到高海拔亚高山草甸都有分布，发生期数量很多。幼虫寄主豆科植物。

识别要点：翅展60～70mm。翅正面主色橙黄色，斑纹黑色。前翅外2列黑色斑与第3列黑色斑之间有一定间隔，雄蝶前翅有2条性标，雌蝶顶角有1个三角形白色小斑；后翅反面基部黄绿色，近基部有2条略呈平行的褐色细线，中部有1条白色波状带，外侧有5个褐色圆斑，亚外缘为褐色宽带。

拉丁名：*Argyronome laodice*

老豹蛱蝶

▼交配中的老豹蛱蝶。

蛱蝶科豹蛱蝶属。

分布于华北、华中、西北、华东、西南、华南等地的部分地区及东北地区、台湾地区。

发生期6～7月，1年1代。成虫喜访花，飞行迅速。在北京分布在中高山地区，发生期数量很多。幼虫寄主为紫花地丁等。

识别要点： 翅展64～78mm。雌雄异型，且雌性有两个型。雄蝶翅正面主色橙黄色；雌蝶翅正面主色暗灰色至灰橙色。前翅顶角有1个三角形灰白色斑，黑色斑发达。与近似种相比，雄蝶前翅有4条粗大的黑色性标带，通常第1条较短、窄；后翅反面淡绿色，有3条白色斜带。

绿豹蛱蝶

拉丁名：*Argynnis paphia*

雌蝶

卵

▼绿豹蛱蝶求偶。

蛱蝶科斐豹蛱蝶属。又名黑端豹纹蝶。
分布遍于我国各地。

发生期8月中旬至10月，1年1代。成虫喜访花，飞行不快，喜滑翔。在北京主要分布在平原和低海拔山地，发生期数量很多。幼虫寄主为堇菜科植物。

鳞翅目

识别要点： 翅展68～79mm。雌雄异型。雄蝶翅正面主色橙黄色，散布黑斑，后翅外缘有黑边。雌蝶前翅端半部紫黑色，中部有1条白色斜带，第2室近基部有1个黑色小斑，为各近似种所没有。反面斑纹和颜色与正面有很大差异：前翅顶角暗绿色有白色小斑；后翅斑纹暗绿色，亚外缘内侧有5个银白色小点，围有绿色环，中区斑列的内侧或外侧具黑色线，此斑列内侧的1列斑多近方形，基部有3个围有黑色边的圆斑，中室1个内有白色小点，另有几个不规则纹。

斐豹蛱蝶

拉丁名：*Argyreus hyperbius*

雄蝶

雌蝶

雌蝶

末龄幼虫

寄主植物紫花地丁

云豹蛱蝶

拉丁名：*Nephargynnis anadyomene*

蛱蝶科云豹蛱蝶属。

分布于华北、华东、西北等地的部分地区及华中地区、东北地区。

发生期6月，1年1代。成虫飞行迅速，喜欢在叶片上停息，也喜访花。北京地区分布在海拔1200m的中山地带，数量稀少。

识别要点：翅展65～75mm。翅正面主色橙黄色，除两翅基部外满布黑色圆斑，外缘脉端的斑呈菱形。雄蝶前翅有1条黑色性标。雌蝶前翅顶角有1个三角形白色小斑。翅反面色淡，前翅中室内有3个黑色纹，中室外有2大1小黑色斑纹，端半部淡绿色，有灰白色云状纹，中部4个暗色斑中有白色小点。

拉丁名：*Childrena zenobia*

曲纹银豹蛱蝶

蛱蝶科银豹蛱蝶属。

分布于华北、西北、华、西南等地的部分地区。

发生期6～8月，1年1代。成虫飞行迅速，喜访花。从低山到高海拔地区都有分布，发生期数量很多。

识别要点： 翅展80～85mm。雌雄异型。雄蝶前翅正面主色橙黄色，雌蝶青橙色，翅外缘内侧有2列大小较一致的近圆形黑色斑。雄蝶前翅有3条性标。反面前翅淡橙色，顶角暗绿色，两侧围有白色纹；后翅暗绿色，全部被多条不规则白色细纹分割，极易与近似种区别。

网蛱蝶

蛱蝶科网蛱蝶属

分布于华北、西北、华中等地的部分地区。

成虫7～8月出现，数量不多。

识别要点： 翅展40mm左右。翅正面主色橙色至黄褐色，翅底和脉纹黑色。前、后翅的外缘有1列月形斑，亚外缘和中域处有2列宽带状斑纹，中室内有飞鸟型黑斑，翅基部有不规则斑纹。翅反面，前翅顶角处斑纹色淡，后翅有2条不规则褐色横带。

大网蛱蝶

拉丁名：*Melitaea scotosia*

蛱蝶科网蛱蝶属。

分布于华北、东北、华东、西北、华中等地的部分地区。

发生期6～7月，1年1代。成虫飞行迅速，喜访花。多分布在中山地带，发生期数量很多。幼虫寄主为菊科的麻花头。

识别要点：翅展55mm左右。雄蝶翅正面主色黄褐色，外缘黑褐色，亚缘有波状细带，前翅中室内有“8”字形纹，中部各室黑斑排成曲折带；后翅中部有2条黑褐色带，基部有不规则线纹。反面前翅色淡，斑纹同正面；后翅土黄色，有2条黄橙色带和满布新月形纹。

蛱蝶科网蛱蝶属。

分布于华北、东北、华东、华中等地的部分地区及西北地区。

发生期6～9月，1年1代。成虫飞行缓慢，喜欢在寄主周围活动。北京多分布在平原和低山地带，数量不少。幼虫寄主为地黄。低龄幼虫群居。以低龄幼虫越冬，

识别要点： 翅展42～56mm。翅正面主色橙黄色。前翅狭长，脉纹不明显，外缘有2列点状黑色斑，雄蝶内侧1列消失。反面，前翅颜色同正面，后翅土黄色，有2条褐色黄色带，分布有黑褐色新月形纹和黑色点。

斑网蛱蝶

拉丁名：*Melitaea didymoides*

末龄幼虫

蛹

◀ 群集的斑网蛱蝶1龄幼虫。

▶ 交配中的斑网蛱蝶。

雄蝶

蛱蝶科线蛱蝶属。

分布于华北、华中、西北、华东、西南等地的部分地区及东北地区。

发生期6～8月，1年1代。成虫飞行较快，常贴地滑行，喜欢在林间潮湿的地表吸水。北京主要分布在海拔800～1500m的中山地带，数量很多。幼虫寄主为土庄绣线菊。

识别要点： 翅展56～73mm。翅正面主色黑褐色。雌蝶色淡，雄蝶布有淡蓝色鳞片。雌蝶前翅正面中室内基部有1条白色细纵纹，端部有白色“一”字形横纹；雄蝶很不明显。翅反面，前翅中室内有2个白色斑；后翅基部除有5个黑色点外，另有几条细线，亚缘黄褐色带内有2列黑色点。

折线蛱蝶

拉丁名：*Limenitis sydyi*

低龄幼虫

末龄幼虫

雌蝶

蛱蝶科线蛱蝶属。

分布于华北、东北、西北、华中等地的部分地区。

发生期6～7月，1年1代。成虫飞行迅速，喜欢在潮湿的地表吸水，多分布在中海拔地区，发生期数量不少。幼虫寄主为六道木。

识别要点： 翅展60mm左右。翅正面主色暗褐色，斑纹白色。外缘线和亚缘线明显，前翅中室近端部有1个横斑，顶角斑3个，中横带自前缘中央斜至后角折向后缘中央，中段断离；后翅中横带端斑内移，亚缘横带窄。翅反面，主色偏棕褐色，斑纹同正面，后翅亚缘带无黑色斑，仅臀角有2个。

拉丁名：*Limenitis moltrechti*

横眉线蛱蝶

蛹

幼虫

蛱蝶科线蛱蝶属。
分布于华北、华中、西北、西南等地的部分地区。

成虫飞行迅速，喜欢在林下或山路边吸水。幼虫寄主为杨树。以低龄幼虫在杨树枝杈间筑丝巢过冬。

识别要点：翅展68～72mm。翅正面主色黑褐色至黑色，前翅中室有1个白斑，后翅边缘有1条红线和2条蓝线，前翅红蓝线不太清楚。翅反面主色赭黄色或赭红色，后翅亚缘红线宽，前后翅外缘及后翅臀区蓝灰色。

红线蛱蝶

拉丁名：*Limenitis populi*

蛱蝶科环蛱蝶属。

分布于华北、西北、华中、西南等地的部分地区及台湾地区。

发生期6～9月，1年2代。成虫飞行缓慢，喜欢贴地飞翔，常在路边停息。多分布在中低海拔地区，数量很多。幼虫寄主为豆科植物。

识别要点： 翅展50mm左右。翅正面黑色，斑纹白色。前翅中室内白色长条近端部被暗色线切断；后翅中带约等宽，外侧带被深色翅脉隔开。翅反面棕红色，白色斑纹外缘无黑色外围线。触角末端颜色淡。

小环蛱蝶

拉丁名：*Neptis sappho*

◀ 幼虫会咬断主脉让叶片干枯，然后藏身于枯叶上。

拉丁名：*Neptis rivularis*

单环蛱蝶

蛱蝶科环蛱蝶属。

分布于华北、西北、华中、西南等地的部分地区及台湾地区。

成虫发生期6～8月，1年1代。成虫飞行缓慢迟钝，常在其寄主叶片上停息，发生期数量很多。幼虫寄主为蔷薇科植物。

识别要点：翅展50mm左右。翅正面主色黑色，前翅顶角处有3个白色斑；中室内白色长条分成5段，室端下方有2个白色大斑，后缘有2个白色小斑；后翅中央有1条白色宽带，带内各斑长方形，间隔分明。翅反面栗褐色，沿外缘有2条白色纹（前翅中间断离），其他斑纹同正面。

拉丁名：*Neptis themis*

黄环蛱蝶

蛱蝶科环蛱蝶属。
分布于华北、华中、西南、西北等地的部分地区。

发生期6～7月，1年1代。成虫飞行较快，常贴地飞翔，喜在路边土地上停息。北京地区主要分布在中海拔山地，发生期数量不少。

识别要点： 翅展55mm左右。翅正面主色黑褐色，斑纹黄色。前翅具“曲棍球杆”状的斑纹；后翅中带与外带颜色相异，外带细、模糊，后翅外缘无棕色缘斑，后翅反面有亚缘线的痕迹。

链环蛱蝶

拉丁名：*Neptis pryeri*

蛱蝶科环蛱蝶属。

分布于华北、西北、西南、华中、华东、东北等地的部分地区及台湾地区。

发生期6月中旬至7月底，1年1代。成虫飞行不快，常在潮湿地表吸水。北京主要分布在中海拔山地，数量较少。

识别要点： 翅展50～58mm。翅正面主色黑褐色，前翅中室内白色条分成5段，室端下方有4个白色斑，近顶角有5个白色斑，第一（常缺）、第二、第五个白色斑很小，外缘与亚缘有2列白色斑，外列1段模糊；后翅有2条白色斜带。翅反面红褐色，斑纹大而显著，后翅基部几个黑色点显著大于近似种，中部白色带外缘有1条黑色点线。

灿福蛱蝶

拉丁名：*Fabriciana adippe*

蛱蝶科福蛱蝶属。

分布于华北、华东、东北、华中、西南等地的部分地区。

发生期7月，1年1代。成虫飞行迅速有力，喜访花。在北京主要分布在亚高山草甸带，发生期数量不少。

识别要点： 翅展68～78mm。翅正面主色橙黄色，雌蝶色淡。雄蝶前翅顶角稍尖出，有2条性标。后翅前缘有黄褐色长毛列。雌蝶黑色斑纹发达。翅反面，雌蝶前翅色淡，顶角绿色，内有2个银白色斑，内侧靠近前缘还有1个；后翅淡绿色，有金属光泽，外缘有1列7个半圆形银色斑，内侧有白色心红褐色斑1列，中部有银白色横带，基部有10多个大小不等、排列不规则的银白色斑；雄蝶前翅顶角和后翅外缘无白色斑，基部白色斑少至5～6个。

蛱蝶科环蛱蝶属。
分布于华北、西北、华中、西南、东北等地的部分地区。

发生期6～8月，1年1代。成虫飞行缓慢，喜滑翔，常在路边地表停息，多分布在中低海拔山地，数量很多。幼虫寄主为蔷薇科的山杏。

识别要点： 翅展66～77mm。翅正面主色黑色。雄蝶前翅外缘倾斜，顶角稍尖，有1个白色斑点；雌蝶顶角较圆钝，前翅中室白色条前缘锯齿状，端尖削，近顶角有3个白色斑，沿外缘有1列白色小点，后翅有2条白色横带，外边1条边缘模糊。翅反面栗褐色，后翅外缘有1列白色小斑；其他斑纹同正面。

重环蛱蝶

拉丁名：*Neptis alwina*

◀卵多产在低矮的小株山杏上，通常附着在正面叶尖处。

灰蝶科蓝灰蝶属。

分布于华北、东北、华中、华东、西北、西南、华南等地的部分地区及台湾地区。

成虫发生期4月中旬至10月，1年多代，为北京地区最为常见的种类之一。成虫飞行比较缓慢，喜访花。幼虫寄主为豆科植物，种类比较广泛。

识别要点： 翅展18～28mm。雌雄异型。翅正面雄蝶蓝紫色，外缘黑色，缘毛白色，后翅外缘有不明显小点列；雌蝶黑褐色，春型基部着生青蓝色鳞片，后翅近臀角有2～4个小橙黄色斑及黑色点，尾状突起黑色，末端白色。翅反面灰白色，中室端有暗色纹，近外缘有3个点列：外、中2个点列中间夹有3～4个橙黄色斑，内列黑色点排列很不整齐。此外，中室内和前缘各有1个黑色点。

拉丁名：*Everes argiades*

蓝灰蝶

雄性蓝灰蝶展翅想吸引交配中的雌蝶。

雌蝶

琉璃灰蝶

拉丁名：*Celastrina argiola*

幼虫

灰蝶科琉璃灰蝶属。

分布于华北、东北、华东、华中、西北、西南等地的部分地区。

发生期5～9月，1年2代。成虫喜访花，飞行速度很慢。是北京地区最为常见的种类之一。幼虫寄主为豆科植物。

识别要点： 翅展27～33mm。雌雄异型。翅正面蓝灰色，缘毛白色，间有窄的黑色。雄蝶翅外缘黑褐色纹狭；雌蝶前缘和外缘连成宽黑褐色带。翅反面灰白色，沿外缘有3列淡褐色点：外列为圆形，后翅明显且大于前翅，中列为新月形，内列在前翅有5个，最前1个圆形，明显内移，其余4个长形，在后翅中域和基部排列成不规则状，外缘各室有圆形黑色斑，其内侧为新月形斑列。前后翅中室端横纹不明显。

红灰蝶

拉丁名：*Lycaena phlaeas*

灰蝶科灰蝶属。

分布于华北、东北、华中、华东、西南等地的部分地区。

成虫发生期5～10月，1年2代。成虫常近地面飞行，数量较多。幼虫寄主为酸模等蓼科植物。

识别要点： 翅展30mm左右。前翅正面主色朱红色，外缘有黑褐色宽带，中室中央和室端各有1个黑褐色斑，亚缘斑纹呈波状排列；后翅黑褐色，外缘4～5个小黑色点，内侧为朱红色宽带，中室有1条暗色横纹。翅反面色较正面淡，有黑色斑点分布，色彩和斑纹无近似种，极易区别。

灰蝶科灰蝶属。

分布于华北、东北、西北、西南等地的部分地区。

成虫发生期5～8月，1年2代。数量较多，多见于水塘边和寄主周围，喜停落于水边宽大叶片上展开翅膀晒太阳。幼虫寄主为酸模等蓼科植物。

识别要点： 翅展32～37mm。雌雄异型。雄蝶翅正面橙黄色，前翅外缘有细狭黑色带；后翅外缘细黑色带与内侧的黑色点连接。翅反面前翅淡黄色，外缘和后缘灰色，亚缘有2列黑色斑，外列斑6个，内列斑5～7个，上端3个斜向外，中室基部、中部和端部各有1个黑色点；后翅灰褐色，基部蓝灰色，亚缘有3列黑色斑，外列和中列斑排列整齐，各有6～7个黑色点，两斑列间橙红色，内列斑顶端2个内移，翅基半部有6个黑色点，分2列自前缘至后缘对应排列，中室横纹前翅细。雌蝶翅正面近似红灰蝶，但前翅亚缘黑点排列整齐。

橙灰蝶

拉丁名：*Lycaena dispar*

幼虫

卵

蛹

青灰蝶

拉丁名：*Antigius attilia*

灰蝶科青灰蝶属。

分布于我国东北、西部和中部各地及台湾。

成虫发生期6～7月，1年1代。飞行速度很快，喜在高大的寄主植物树顶飞翔，数量很少，灯下偶尔可诱到成虫。幼虫寄主为壳斗科的蒙古栎。以卵越冬。

识别要点： 翅展30mm左右。翅正面暗灰黑色，缘毛白色，前翅无斑纹；后翅外缘有4个白色斑，内有淡黑色点；尾状突起长，端部白色。翅反面灰白色，斑纹褐色，前翅中室有1个短斑，中室外有1条横带，沿外缘有1列斑点；后翅中央有横带，沿外缘有褐色、白色新月形纹各1列，臀角有2个橙红色斑，内有1个黑色点。

黑灰蝶

拉丁名：*Niphanda fusca*

灰蝶科黑灰蝶属。又名蚁灰蝶。

分布于华北、华东、西北、华东、西南等地的部分地区及东北地区、华中地区。

成虫发生期5～8月。成虫喜访荆条的花，数量较多。幼虫寄主为壳斗科的板栗。幼虫与蚜虫共栖。以老龄幼虫被蚂蚁运进巢内与蚂蚁共栖越冬。

识别要点： 翅展32～45mm。雌雄异型。翅正面暗褐色，雄蝶翅有蓝色闪光，无斑纹及尾状突起。翅反面暗灰色，斑纹暗褐色，围有白色边，前翅基部有1个大的、中室端部1个、外方4个、后方3个斑纹；后翅有几个同色斑纹。前后翅外缘列模糊。

诗灰蝶

拉丁名：*Shirozua jonasi*

灰蝶科诗灰蝶属。

分布于华北部分地区、东北部分地区。

发生期6～8月，1年1代。成虫喜欢在寄主及附近阔叶树木叶片上栖息，飞行速度很快，数量不多。幼虫寄主为壳斗科的蒙古栎。以卵越冬。

识别要点： 翅展40～42mm。翅正面橙黄色，前翅顶端有模糊的黑斑，脉端黑褐色，但愈向后黑色渐弱；后翅前缘淡黄色，尾突和臀角黑色。翅反面中室端有橙色斑，外中横线橙褐色外侧镶白边；后翅外中横线向外斜。雌蝶前翅正面顶端和外缘黑带色浓，翅基褐色渐向外扩散；翅反面色彩斑纹同雄蝶。

拉丁名：*Satyrium spini*

刺痣洒灰蝶

灰蝶科洒灰蝶属。

分布于华北、华中、华东、东北等地的部分地区。

发生期6月至7月下旬，1年1代。成虫喜访荆条花，飞行速度不快，数量很多。幼虫寄主为家榆。以卵越冬。

识别要点： 翅展30～35mm。翅正面黑褐色，尾状突起短小，端白色，后翅臀角稍圆出，雄蝶前翅中室上端泥色性标狭长。翅反面暗灰色，白色横线明显宽阔，前翅横线中央和末端稍弯曲；后翅中部横线微弯，后端呈W形，外缘部第三室以上有1条橙红色斑，臀角黑色，第3室黑色点很小。

灰蝶科线灰蝶属。

分布于华北、东北、华东等地的部分地区。

发生期6月中旬至7月中旬，1年1代，有时候11月份仍可见到个别成虫。成虫飞行速度很快，常见于叶片上停息，数量较多，为线灰蝶的代表种类。幼虫寄主为蔷薇科的山杏。以卵越冬。

识别要点： 翅展42mm左右。雌雄异型。亚种众多。雄蝶翅正面橙黄色，前翅顶角及外缘黑色，中室端有1个黑色纹；后翅基部灰褐色，外缘锯齿状，尾突较粗，臀角和第3室各有1个黑色斑。雌蝶翅正面前翅黑黄色，中室端纹褐色，外侧有1条黄褐色宽带，亚外缘白色；后翅中线和外横线白色，亚外缘线灰白色，波状，臀角橙黄色，有2个黑色斑。

线灰蝶

拉丁名：*Thecla betulae*

鳞翅目

灰蝶科梳灰蝶属。
分布于华北、东北、华东等地的部分地区。

发生期4月底至5月中旬，1年1代。成虫多见于绣线菊附近，常做迅速无规律飞行，数量较多。幼虫寄主为绣线菊。幼虫有多个色型。

识别要点：翅展28～32mm。翅正面黑褐色，除前缘顶角及外缘外有青蓝色光泽，边缘白色，脉端黑色。翅反面，前翅棕褐色，中室端斑、横线黑色，折成3段，未达下缘；后翅基半部色深，端半部色浅，中部棕黑色，呈不规则的波状，亚缘线波状。

东北梳灰蝶

拉丁名：*Ahlbergia frivaldszkyi*

蛹

▶ 取食绣线菊花朵的东北梳灰蝶幼虫。

寄主植物绣线菊

灰蝶科玄灰蝶属。

分布于华北、华中、华东、西南等地的部分地区及台湾地区。

发生期6～9月，1年2代。成虫喜访花，飞行速度很慢，数量很多。幼虫寄主为景天科的瓦松。

灰蝶科为小至中型的种类。翅反面颜色斑纹与正面不同，雌蝶与雄蝶翅正面色斑不同，但反面相同。

识别要点： 翅展22～25mm。翅正面黑褐色，围有白色边，后翅近外缘有不明显的细小红色纹，尾状突起短小。翅反面暗灰色，围有白色边，沿外缘有3列斑点：外2列互相平行，内列在前翅最后2个内移，在后翅呈曲状，中室端有1个横斑，后翅外缘有橙色斑，基部有4个黑斑。

玄灰蝶

拉丁名：*Tongeia fischeri*

灰蝶大都喜欢打开翅晒太阳，吸食花蜜的时候也并不老实，除了喜欢不停地原地打转，还经常搓动后翅，让细小的尾突不停地抖动，搞得天敌分不清它的头尾。

癞灰蝶

拉丁名：*Araragi enthea*

灰蝶科癞灰蝶属。

分布于华北、东北、华中、西南、华东等地的部分地区及台湾地区。

发生期7月下旬至8月下旬，1年1代。成虫喜欢在寄主叶片上停息，飞行速度很快，常活动于树顶，数量不多。幼虫寄主植物为核桃楸。以卵越冬。

识别要点： 翅展35mm左右。翅正面黑褐色，前翅中室端及其下方有2个淡色斑，缘毛褐色，尾状突起细长，端部白色。翅反面灰白色，散布褐色斑，前翅斑纹较大，后翅斑纹较小，且后半部色淡，臀角有2个橙红色斑，内有黑色点。

拉丁名：*Maculinea teleia*

胡麻霾灰蝶

正在地榆花朵上产卵的胡麻霾灰蝶。

灰蝶科霾灰蝶属。

分布于华北、东北、华东、华中等地的部分地区。

成虫发生期6～8月，1年1代。低山到高海拔草甸带都有分布。成虫喜访花，飞行不快，数量较多。幼虫与蚂蚁共生。

识别要点：翅展40mm。翅正面黑褐色，无斑纹，缘毛灰褐色；反面茶褐色，前翅沿外缘有2列褐色圆斑，外列色淡，内列大而色深，中室中央有1个小点，室端有1条横纹；后翅有3列斑：外列斑色甚淡，中列斑色较深，内列斑色浓。翅基2斑、中室端横纹和内列斑的白色圈特别醒目。

灰蝶科珞灰蝶属。

分布于华北、东北、华中、西北、西南、华东等地的部分地区。

成虫发生期5～8月，1年2代。成虫喜访花，飞行较快，多见于海拔1000m以下的山地。幼虫寄主为景天三七。

识别要点： 翅展30mm左右。翅正面黑褐色，有紫蓝色光泽，缘毛黑白相间，亚外缘有1列黑色圆斑，内侧有紫蓝色新月纹，在后翅较为明显。翅反面灰白色，黑白相间的外缘毛似1列黑色小斑；前翅亚外缘2列黑色斑中，外列斑圆形、分离，内列斑稍长、相连，后中横列斑近方形，末端2个内移，中室端和中室内各有1个黑色斑，内斑下方另有1斑；后翅亚外缘两斑列中间有橙黄色带，后中横列不整齐，中间3个外移，中室有端斑和内斑，基域分布3个黑色斑，在中室内斑上方和下方各1个，近翅基沿后缘处1个。

珞灰蝶

拉丁名：*Scolitantides orion*

交配中的珞灰蝶。

幼虫

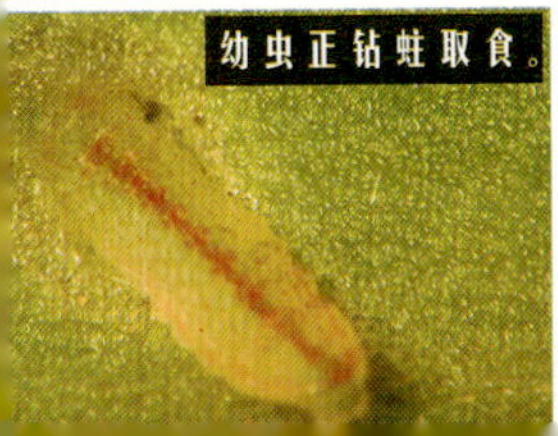

幼虫正钻蛀取食。

产在花蕊上的卵。

灰蝶科爱灰蝶属。又名中华黑灰蝶。
分布于华北、东北、华中等地的部分地区。

发生期5～9月，1年2代。成虫喜访花，常贴地面飞行，速度不快，多见于低海拔地区，数量很多。幼虫寄主植物为牻牛儿苗。

识别要点：翅展25～30mm。雄蝶翅正面蓝紫色，有青色闪光，外缘有黑色带，缘毛长，白色。前翅前缘基半段着白色鳞片；后翅外缘有1列黑色圆点与外缘带混合。雌蝶翅正面暗褐色，前、后翅亚外缘各有1列方形橙红色斑。翅反面暗灰白色，前后翅有3列黑色斑：外列圆与中列新月形平行，中间夹有橙红色带，内侧圆，排列不整齐，第2室1个，圆形，显著内移，与中室端长形斑上下对应；后翅基部另有4个黑色点，排列成直线，黑色圆斑外围白色环。

中华爱灰蝶

拉丁名：*Aricia mandschurica*

▲ 正在产卵的中华爱灰蝶。

▶ 交配中的中华爱灰蝶。

拉丁名：*Lycaeides argyrognomon*

红珠灰蝶

雌蝶

雄蝶

灰蝶科红珠灰蝶属。

分布于华北、华东、华中、西南、西北等地的部分地区及东北地区。

发生期5～9月，1年2代。成虫喜访花，飞行速度很慢。常见于低海拔地区，为北京地区常见种类之一。

识别要点： 翅展25～30mm。雌雄异型。雄蝶翅正面紫色；雌蝶翅正面暗褐色，两翅亚外缘橙红色带的内外侧着黑色斑，前翅带狭，后翅带宽。反面浅棕色，前翅3列黑色斑近平行列，内斑列中的下3个斑（少数为4个）为横置或竖置。后翅外列圆斑中置银色瞳点。

拉丁名：*Rapala nissa*

霓纱燕灰蝶

灰蝶科燕灰蝶属。

分布于华北、东北、华中、西北、华东、华南、西南等地的部分地区及台湾地区。

成虫发生期4～9月。数量较少。

识别要点：翅展30mm左右。翅正面红褐色至蓝黑色，前翅基半部和后翅的大部分有紫蓝色闪光，后翅臀角呈叶状，有外圈包裹橙色的黑斑，尾突细长。翅反面棕褐色。本种翅的色彩斑纹常因季节或个体而变化。

灰蝶科多眼灰蝶属。

分布于华北、东北、华东、华中、西北、西南等地的部分地区。

成虫发生期6月下旬至7月，1年1代。成虫喜访花，飞行很快。发生期数量很多，多见于高海拔草甸带。

识别要点： 翅展29～32mm。雌雄异型。雄蝶翅正面紫蓝色，前后翅有黑色缘带及外缘圆点列。雌蝶暗褐色，除缘点外有橙红色斑，前后翅各6个。翅反面灰白色，前翅有2列黑斑沿外缘弧形平行排列，中间夹有橙红色带，亚缘列新月形，外横列斑7个弓形弯曲。

多眼灰蝶

拉丁名：*Polyommatus erotides*

▶ 与蚂蚁共生的多眼灰蝶幼虫。

灰蝶科艳灰蝶属。

分布于华北、东北、西北、华中及华东等地的部分地区。

成虫发生在7～8月，主要分布在针阔叶混交林带，喜欢聚集在潮湿地表或溪流边吸水。幼虫寄主为栎、橡、榛、板栗等壳斗科植物。

识别要点：翅展35mm左右。雄蝶翅面金绿色，有蓝色闪光，缘毛白色，前翅边缘有黑色细带，后翅边缘有黑色宽带，尾突短；翅反面灰色，后翅臀脚有2个橙红色斑。雌蝶翅正面栗褐色，反面同雄蝶。

艳灰蝶

拉丁名：*Favonius orientalis*

中华谷弄蝶

拉丁名：*Pelopidas sinensis*

弄蝶科谷弄蝶属。分布于华北部分地区、东北部分地区。

包裹在叶片中准备越冬的中华谷弄蝶蛹。

中华谷弄蝶幼虫用丝线卷曲叶片筑巢。

发生期5～6月，1年1代。成虫飞行迅速，常在林间道路上停息，有时也可在河边见到。数量不是很多。

识别要点： 翅展35～45mm。翅面棕黄色，白色斑大而明显，雄蝶前翅第2室外上方另缀有1个小斑，总斑数达到10个，中室2个斑斜列，与外缘平行；后翅中央有4～5个白色斑，第2斑上移，反面有6个斑纹，其中1个在翅基部。

拉丁名：*Pelopidas mathias*

隐纹谷弄蝶

弄蝶科谷弄蝶属。

分布于华北、西北、华中、西南、华南、华东等地的部分地区及台湾地区。

发生期6～7月，1年1代。成虫飞行很快，常在溪边泥地和潮湿的岩壁上发现。数量很少。

识别要点：翅展30～40mm。与中华谷弄蝶近似，但体形明显要小。翅面黑褐色，具黄绿色光泽。中足胫节具密针刺，雄蝶前翅中室外有银灰色性标，也是本种区别于稻弄蝶属的重要特征。雄蝶前翅具8个半透明白色斑，少数个体在第11室有1个小斑，其中上面2个顶角斑内移；雌蝶在1b室另具1个斑。后翅无斑纹，反面有5～7个白色斑，其中中室基部1个。

山地谷弄蝶

拉丁名：*Pelopidas jansonis*

鳞翅目

弄蝶科谷弄蝶属。

分布于华北部分地区、东北部分地区。

成虫7月发生，飞行迅疾，喜欢停歇在靠近水塘的禾本植物上。

弄蝶科体形多为小型或中型，颜色常为黑褐色或棕黄色，少数种类颜色较为艳丽。

识别要点：翅展40～43mm。翅面棕黄色，与中华谷弄蝶很相似，只是体形稍大。顶角处3斑较中华谷弄蝶小而圆，中间斑明显内移。雄蝶前翅正面无性标，后翅正面小白斑几乎看不见，但反面斑大。

拉丁名：*Muschampia tessellum*

星点弄蝶

弄蝶科星点弄蝶属。
分布于华北部分地区、西北部分地区及东北地区。

发生期5～8月，1年2代。成虫常在花间发现，飞行迅速。海拔800～2300m都有分布，但数量不多。

识别要点： 翅展25～36mm。翅正面黑褐色，白斑大，缘毛黑白相间。前后翅有完整的外横斑1列，不规则的中横斑1列，亚顶端斑3个。翅反面淡橄榄色，前翅基部黑色，白斑同正面。

弄蝶科小弄蝶属。又名银条小弄蝶。

分布于华北、东北、西北、华东、华中等地的部分地区。

发生期为5月，1年1代。成虫飞行不快，喜欢在河边的禾本科植物上停息。多见于低海拔或平原地区，数量不多。幼虫寄主为禾本科植物。

弄蝶科的显著特征是头部较大，触角近端部膨大，末端尖且弯成钩状。弄蝶体形粗壮，看起来很像蛾类，它们多于早晚活动，喜欢穿行于花丛中，飞行迅速而带跳跃。

识别要点： 翅展30～34mm。翅正面黑褐色，无斑纹。前翅窄长，翅端部较尖；前翅反面顶端区、前缘及外缘淡黄色，基部和中部黑褐色；后翅淡黄色。雌、雄蝶唯一的区别在于雌性后翅反面从基部到外缘有1条银白色纵条纹。

小弄蝶

拉丁名：*Leptalina unicolor*

◀小弄蝶卵有时会比较密集地产在禾本科植物上，有时甚至产在邻近的其他植物上。

▼正在用丝线拉紧叶片织巢的小弄蝶幼虫。

交配中的小弄蝶。

雌蝶

雄蝶

拉丁名：*Ochlodes ochracea*

宽边赭弄蝶

弄蝶科赭弄蝶属。

分布于华北、东北、西北、华中、华东等地的部分地区。

发生期6～8月，1年1代。成虫飞行较快，喜欢在禾本科叶片上停息，也见访花。分布在低海拔地区，发生期数量很多。

识别要点：翅展30～36mm。雌雄异型。翅正面赭黄色，前翅前、外缘有黑褐色带，雄蝶前翅基部、后翅内缘区褐化。本种与白斑赭弄蝶的区别是：前翅顶角3斑纹长形，中室外2斑纹多变褐色或缺失，或下斑端部仅有1个小点；后翅斑纹长大。雄蝶前翅黑色性标细狭，并有1条银灰色线。翅反面黄褐色，前翅后半部黑褐色区宽大；后翅雄蝶多数为不明显的小斑，雌蝶一般无斑纹，且脉纹不显露。

拉丁名：*Ochlodes venata*

小赭弄蝶

弄蝶科赭弄蝶属。

分布于华北、东北、华东、华中、西北、西南等地的部分地区。

发生期6～8月，1年1代。成虫飞行速度很快，常在叶片上停息。多在低海拔地区活动，发生期数量很多。

识别要点： 翅展29～37mm。雌雄异型。翅正面赭黄色，斑纹黄褐色，不透明。前翅中室外2斑纹发达、整齐；雄蝶黑色性标长卵形，后翅中室基部正、反面均无斑纹，前后翅反面显露黑色细脉纹。

双带弄蝶

拉丁名：*Lobocla bifasciata*

弄蝶科带弄蝶属。又名带弄蝶。

分布于华北、东北、华东、华中、西北、西南、华南等地的部分地区及台湾地区。

成虫发生期6～7月，1年1代。成虫喜访荆条的花，也常积聚在水边吸水，飞行速度很快。多分布在海拔1000m以下的山地。数量很多。

识别要点： 翅展40～48mm。翅面主色黑褐色。前翅顶角有3个白色小斑，中部至后角有1条斜带，共5个白色斑，多数个体在中室近外缘处有2个模糊小斑。前翅反面同正面；后翅有不明显的紫灰色云斑。

深山珠弄蝶

拉丁名：*Erynnis montanus*

弄蝶科珠弄蝶属。

分布于华北、西北、华东、华中、西南等地的部分地区及东北地区。

幼虫

发生期为4月中旬至5月中旬，1年1代，是北京最早发生的种类之一。成虫飞行迅速，常在林间落叶上停息，不易发现。多分布在低海拔地区，数量不少。

识别要点： 翅展40mm左右。翅正面主色黑褐色，雄蝶有紫色光泽。雄蝶前翅沿外缘向内有3条暗灰色波状带，中央带最宽；后翅沿外缘1列黄斑，中室外缘有1列4个黄斑，中室内和端部各有1个，近前缘2个；雌蝶前翅亚缘有黄色斑点分布。

拉丁名：*Daimio tethys*

黑弄蝶

弄蝶科黑弄蝶属。

分布于华北、华东、西北、西南、华南等地的部分地区及华中地区、东北地区、台湾地区。

发生期5～8月，1年2代。成虫常在水边发现，也喜访花，飞行迅速，静止时翅水平展开。为北京地区常见种类。幼虫寄主为薯蓣。

识别要点：翅展30～41mm。翅面主色黑色，缘毛和斑纹白色。前翅顶角和中部各有5个白色斑；后翅中部有1条白色横带。后翅反面基半部白色，内有几个黑色点。

花弄蝶

拉丁名：*Pyrgus maculatus*

弄蝶科花弄蝶属。

分布于华北、东北、华东、华中、西北、华南、西南等地的部分地区。

发生期5～8月，1年2代。成虫飞行迅速，为北京地区常见种类。在北京地区分布比较广泛，平原和山地都有分布。幼虫寄主为绣线菊。

识别要点： 翅展22～32mm。翅正面主色黑褐色，斑纹白色：前翅有16～17个，后翅中央2～4个，雄蝶沿外缘有5～6个排成横列，缘毛白色，较长，翅脉端黑色。前翅反面淡青色，顶角淡红褐色；后翅反面灰褐色，中央有两条相连的白色带纹，内侧有红褐色斑。

拉丁名：*Pyrgus alveus*

北方花弄蝶

弄蝶科花弄蝶属。
分布于华北、东北、西北、西南等地的部分地区。

发生期7～8月，1年2代。成虫飞行迅速，喜访花。数量不是很多。在北京地区只分布在亚高山草甸带，活动范围比较狭窄。

识别要点： 翅展24～35mm。翅正面主色赭色。前翅前缘有褶，无外缘斑列；后翅白斑模糊。后翅反面白色，有3条棕褐色带。

拉丁名：*Aeromachus inachus*

河伯锷弄蝶

弄蝶科锷弄蝶属。又名茶星翅弄蝶。

分布于华北、东北、华东、西北、华中、西南等地的部分地区及台湾地区。

发生期5～8月，1年2代。成虫飞行迅速，常在禾本科植物上停息。北京地区多分布在低海拔地区。数量较少。

识别要点：小型种类。翅展20mm左右。翅正面主色黑褐色。前翅中央偏外方有7～8个白斑，弧形排列，与外缘近平行，中室端有1个白色小点；后翅无斑纹。翅反面色淡，前翅斑纹同正面；后翅脉灰黄色显著。

拉丁名：*Carterocephalus dieckmanni*

白斑银弄蝶

弄蝶科银弄蝶属。

分布于华北、东北、华中、西北、西南等地的部分地区。

成虫发生期5月至6月中旬，1年1代。成虫飞行迅速，常在溪边或湿地上吸水。在低海拔地区较为多见。数量不多。

识别要点： 翅展32mm左右。翅正面主色浓黑褐色，斑纹银白色。前翅前缘基部1/3处强烈外凸；缘毛褐色，但顶角白色；前翅斑纹中室基部和室端各1个，中室外侧2个，近顶角3个，中域斑4个；后翅外缘后半段混有白色毛；中央有1个大斑。翅反面基部与顶角淡灰褐色，中部黑褐色，前翅缘毛基段白色，前段褐色；后翅缘毛同正面；前翅顶角有1个白色斑，其他斑纹与正面近同；后翅顶角至外缘中部、前缘至中室部各有1条斑纹大小间错排列的横带，中室基部有1个圆斑。

朴喙蝶

拉丁名：*Libythea celtis*

幼虫

蛹

喙蝶科喙蝶属。

分布于华北、东北、西北、华中、华东、西南、华南等地的部分地区及台湾地区。

发生期6～8月，1年1代。成虫飞行速度很快，常成群聚集在湿地或溪边吸水。数量非常多。幼虫寄主为朴树。以成虫越冬，次年春天交配产卵，6月前所见的都是越冬成虫。

识别要点： 翅展41～49mm。翅正面主色黑褐色。下唇须很长，伸在头的前方。前翅顶角突出成钩状；后翅外缘锯齿状。前翅近顶角有3个白色小斑，中室内有1条钩状橙红色条纹，中室外有1个同色圆斑；后翅中部有1条橙红色带。雄蝶前足有毛，雌蝶无毛，较易识别。

蚕蛾科

分布于华北、华东、西北、西南等地的部分地区及华中地区、华南地区。

成虫发生期7～11月。幼虫取食桑树。成虫羽化后在枝叶上交配，当日夜间即可产卵，通常1次1卵块为290余粒。成虫有趋光性，但飞行能力不强，常借风力扩散。

蚕蛾科为中小型蛾类，身体粗壮，翅小，口器退化，幼虫主要取食桑树，可吐丝做茧。我们常见的家蚕就是野蚕在人们的长期饲养驯化下培育出来的。

识别要点： 翅长35mm左右。头胸腹和翅面主色黄色。前翅内外横线褐色，中室端线有“卜”形斑，外缘近翅顶处为黑色；后翅中外横线不明显，但在后缘处呈2个黑色斑点。

拉丁名：*Rondotia menciana*

桑蟥蚕蛾

幼虫

茧

广斧螳正捕食桑蟥蚕蛾。

蚕蛾科

分布于华北、华东、西南、华南等地的部分地区及东北地区、华中地区、台湾省。

成虫发生期6～9月，1年2代。低龄幼虫鸟粪状，老熟幼虫结茧于枝叶间。幼虫主要取食桑树。

识别要点： 翅展35mm左右。体、翅由灰褐色至暗褐色，触角灰褐色。前翅顶角外伸，顶端圆滑，下方脉间有内陷的月牙形槽。内线、外线偏棕色，各有两条细线组成，中间色稍浅。一般情况下，雄蛾比雌蛾色深，身上的线条和斑纹也更明显。

野蚕蛾

拉丁名：*Theophila mandarina*

雌蛾

伪装成树枝的末龄野蚕蛾幼虫。

▲ 膨起胸部，展示夸张眼斑的野蚕蛾幼虫。

◀ 鸟粪状的低龄野蚕蛾幼虫。

大蚕蛾科。
分布于华北、华中、华东、华南等地的部分地区。

成虫发生期5～9月。每雌可产卵二三百粒，以蛹在茧内附着在树干或其他物体上过冬。

幼虫食性很杂，取食枫杨、柳、栎、核桃、苹果、杏等等，在火炬树上也发现过。在灯诱时，通常都是午夜时分飞来。

识别要点： 翅展122mm左右。体粉绿白色，头部、胸部以及肩板基部前缘有暗紫色深切带。翅粉绿色，基部有白色茸毛，前翅前缘暗紫色，混杂有白色鳞毛。每翅上各有眼斑1个，眼斑中间透明，外侧黄褐色，内侧橙黄色。后翅尾突长4cm左右。

绿尾大蚕蛾

拉丁名：*Actias selene*

▲刚刚蜕皮进入末龄的绿尾大蚕蛾幼虫。

▶绿尾大蚕蛾末龄幼虫。

▶绿尾大蚕蛾1龄幼虫。

大蚕蛾科。

分布于华北部分地区、华东部分地区。

成虫发生期5月、9月。幼虫寄主为臭椿、乌桕、冬青、含笑等。在寄主枝叶间裹住叶片结黄褐色丝茧化蛹过冬。

大蚕蛾科是蛾类中体形最大的一类，翅型漂亮，色彩斑斓。幼虫体形很大，多具枝刺，老熟后吐丝做茧化蛹。

识别要点：翅展130mm左右。头部四周及颈板前缘、前胸后缘及腹部的背线、侧线和腹部末端为粉白色，其他部位为青褐色。翅顶宽圆、略突出，有一黑色圆斑，上方有弧形白色斑。前翅有较大的新月形半透明斑。

樗蚕蛾

拉丁名：*Philosamia cynthia*

正被步甲捕食的幼虫。

幼虫

卵

丁目大蚕蛾

拉丁名：*Aglia tau*

大蚕蛾科。

分布于华北部分地区、东北地区及西北地区。

成虫发生期6～8月。幼虫寄主为桦、栎、山毛榉等。

识别要点： 翅展70mm左右。头部污黄色。胸部色浓，呈棕色。腹部色浅，背线及各节间色较深。身体和翅膀茶褐色。前翅内线及中线略深于体色，内线内侧有灰白色条纹。各翅中央有白色半透明丁字形图案，后翅图案明显大于前翅。

拉丁名：*Caligula boisduvalii*

合目大蚕蛾

大蚕蛾科。

分布于华北、东北、西北等地的部分地区。

成虫发生期9～10月。幼虫寄主为栎、椴、榛、核桃楸等。

识别要点： 翅展85mm左右。头部黄褐色。颈板灰白色。前胸及中胸背线棕色。肩板黄褐色，有长绒毛。腹部浅黄色，各节间有棕褐色环形纹。各翅中央都有圆形眼斑，外围灰褐色，靠近内侧有月牙形白纹，后翅斑纹略小。

1 龄幼虫

低龄幼虫

绿色型末龄幼虫

棕色型末龄幼虫

天蛾科。

分布于华北、华中、华东、华南等地的部分地区。

成虫发生期5月、10月上旬，年生两代。在城市中也较常见到黄昏访花的成虫。幼虫有多个色型。幼虫寄主为旋花科植物，如牵牛花。老熟幼虫在5～10cm深的土层中作蛹室化蛹，以蛹态过冬。

天蛾科为中至大型蛾类，前翅呈三角形，身体粗壮，善于飞行。天蛾常有很发达的喙管，能吸食那些喉部很深的管状花的花蜜。天蛾幼虫身体粗大，腹部末端有1个尾角。

识别要点： 翅展110mm左右。体翅暗灰色。肩板有黑色纵线。腹部背面灰色，各节两侧有白、红、黑三条横纹。前翅内、中、外横带各为两条深棕色的尖锯齿线；后翅有4条暗褐色横带，缘毛白色及暗褐色相杂。

白薯天蛾

拉丁名：*Herse convolvuli*

▲ 正在蜕皮化蛹的白薯天蛾。

白薯天蛾多种色型的末龄幼虫。

在地下蛹室中的白薯天蛾蛹。

刚刚蜕变完成的白薯天蛾蛹。

寄主植物牵牛花

天蛾科。

分布于华北、华中、华东等地的部分地区。

在北京1年1代。在城市中也较常见到黄昏访花的成虫。幼虫寄主为葡萄、爬山虎等。老熟幼虫吐丝连结叶片在土表化蛹，以蛹态过冬。

幼虫有棕红和绿色两个个色型，受到惊吓后会吐出墨绿色汁液。

识别要点： 翅展100mm左右。体翅茶褐色。体背自前胸至腹部末端有红褐色纵线一条。腹面色淡呈红褐色。前翅顶角较突出，各横线都为暗茶褐色，中线较粗而弯曲；后翅黑褐色，外缘及后角附近各有茶褐色横带一条，缘毛色稍红。

拉丁名：*Ampelophaga rubiginosa*

葡萄天蛾

绿色型幼虫

◀ 幼虫警戒姿势

▼ 褐色型幼虫

天蛾科。
分布于东北、华北、华东等地的部分地区。

1年2代。成虫夜间具趋光性，春夏在林缘灯下可见。幼虫寄主为核桃、山核桃。以蛹态过冬。

识别要点： 翅展110mm左右。翅膀表面与体背为黄褐色至黑褐色相间的特殊斑纹。前翅中央有一紫色盾型斑纹，停栖时下翅局部外露在上翅前方。外部斑纹与盾天蛾相同，只是全身有紫红色光泽。

丁名：*Phyllosphingia dissimilis*

紫光盾天蛾

▲ 交配中的紫光盾天蛾。

▲ 紫光盾天蛾的卵正在孵化中，已经变得透明，可以看到幼虫的尾角。

末龄幼虫

低龄幼虫

鹰翅天蛾

末龄幼虫

天蛾科。

分布于华北、东北、华东等地的部分地区。

1年2代。成虫夜间具趋光性，晚上灯下可见。幼虫寄主为核桃、山核桃。以蛹态过冬。

识别要点： 翅展100mm左右。头部灰白，与胸部连接处绿褐色。胸部两侧绿褐色。前翅基部的前、后缘各有1个绿褐色斑点。腹部末端有3个斑点。

拉丁名：*Smerinthus planus*

蓝目天蛾

末龄幼虫

天蛾科。

分布于华北、华中、华东等地的部分地区。

1年2代。幼虫寄主植物为柳树。以老熟幼虫入土化蛹过冬。

识别要点： 翅展90mm左右。体翅灰褐色。胸部背面中央褐色。前翅基部灰黄色，中线呈前后两块深褐色斑；后翅淡黄褐色，中间有大蓝眼斑1个，斑的周围黑色，眼斑上方粉红色。

天蛾科。

分布于华北、华中、华东等地的部分地区。

1年2代。幼虫寄主榆树。以幼虫化蛹入土越冬。

识别要点： 翅长80mm左右。翅面绿色。胸背墨绿色。腹部背面粉绿色，每节后缘有棕黄色横纹一条。前翅前缘顶角有1块较大的三角形深绿色斑，翅的反面近基部后缘淡红色；后翅红色，近后角墨绿色，外缘淡绿，翅反面黄绿色。

拉丁名：*Callambulyx tatarinovi*

榆绿天蛾

▲ 寄蝇正准备寄生榆绿天蛾幼虫。

天蛾科六点天蛾属。

分布于华北部分地区。

成虫发生期4～8月，1年2代。幼虫寄主为桃、枣等。有吸食桃汁为害的记载。是平原和低山区常见种。

识别要点： 翅展77mm左右。体翅黄褐色。胸部背面有明显的黑色背中线。腹部背面有纤细的黑色中线，腹部基部被背面生有黑色长鳞毛。内外横线均由3个褐色条纹组成，近臀角后缘处有2个相连的黑斑，有些个体中连线加粗，外缘略呈锯齿状，翅脉间有月牙状白斑；后翅从基部至过中部呈红色，外缘部颜色加深，臀角着生有2个大黑斑。

Marumba gaschkewitschi 枣桃六点天蛾

▲ 被茧蜂寄生后的幼虫。

蛹

褐色型幼虫

▲幼虫在土中做蛹室。

绿色型幼虫

天蛾科。

分布于东北、华北、西南等地的部分地区。

成虫飞行迅速，有趋光性。1年2代。幼虫寄主为柳叶菜、凤仙花等。以老熟幼虫入土化蛹过冬。

识别要点：翅展70mm左右。体翅红色为主，有红绿色闪光。头部两侧及背部有两条纵向的红色带。腹部背线红色，两侧黄绿色，外侧红色，腹部第一节两侧有黑斑。前翅基部黑色；后翅红色，靠近基半部黑色。翅反面色较鲜艳，前缘黄色。

红天蛾

拉丁名：*Pergesa elpenor*

天蛾科。

分布于华北部分地区及西南部分地区。

成虫发生期早春3～4月，1年1代。幼虫寄主植物为山杏、桃、李等。老熟幼虫体形硕大，会用头壳摩擦身体发出警戒声，化蛹后长时间休眠，直到来年春天才羽化为成虫。

识别要点： 翅展160mm左右。翅和体呈蓝灰色。胸部背面着生有黑色毛簇。除末端外腹部为灰褐色。前翅前缘紫灰色，散布有淡红色或黑紫色的斑点，中部苍白色，亚外缘白色，其内侧略呈黑紫色，外缘线和外缘成波浪形锯齿状，其内侧淡蓝色；后翅灰褐色，近臀角处有白色和黑紫色组成的几条条纹，外缘线为黑紫色。

川锯翅天蛾

拉丁名：*Langia zenzeroides*

幼虫

▼幼虫在寄主植物山杏上呈警戒状态。

天蛾科。
分布于华北部分地区及东北部分地区。

1年1代。成虫在傍晚有吸食花蜜的习性。幼虫寄主为爬山虎、葡萄等。以老熟幼虫入土化蛹过冬。

识别要点：翅展70mm左右。头到胸部两侧有白色条纹。胸部有两条橙黄色纵线。腹部几条纵线不明显，两侧鳞片橘黄色。前翅黄褐色，后缘中部细小白色，翅顶到后缘有6条斜线，其中最内侧1条最粗大，中室中上部有1黑色小圆斑；后翅黑褐色，外缘到臀角处为浅棕色。

拉丁名：*Theretra japonica* 雀纹天蛾

天蛾科豆天蛾属。

除西藏未查明外，全国均有分布。

1年1代。幼虫寄主为大豆、刺槐等。幼虫数量较密集，以老熟幼虫入土越冬。来年6月左右才化蛹，7~8月羽化。

识别要点： 翅展120mm左右。体和翅黄褐色。头和胸部背面中线为褐色。前翅横线褐色，在各翅脉处呈鱼鳞状，翅顶有1三角形暗色斑纹，基部开始到外缘有1暗色纵纹；后翅基半部黑褐色，外围有1波浪形曲线，外缘区较前翅底色浅淡。

豆天蛾

拉丁名：*Clanis bilineata*

◀ 寄蝇正在豆天蛾身上产卵。

早春采食丁香花蜜的后黄黑边天蛾成虫。

天蛾科。

分布于华北部分地区、东北部分地区及长江流域。

1年2代。成虫白天飞行花间采蜜。幼虫寄主为金银木等。以成虫越冬。

识别要点： 翅展40mm左右。体黄绿色，触角黑色。头胸黄棕色，掺杂有白色鳞毛。腹部黑色，第一、第二节被有棕白色鳞毛，第5～7节由两侧开始居中被有棕白色鳞毛，使黑色腹部下端形成“V”字。前翅翅脉及外缘区暗褐色或红褐色，在各翅脉间端部透明区有褐色小条纹延伸于外缘区；后翅外缘区较前翅狭小，后缘处褐色区较深。

后黄黑边天蛾

拉丁名：*Haemorr hagia*

成虫

末龄幼虫

1 龄幼虫

卵

蛹

天蛾科。

分布于华北、华中、华东、西南、华南等地的部分地区。

1年2代。第一代成虫早春出现，白天出来采食花蜜。幼虫寄主为茜草等。以成虫越冬。

识别要点：翅展50mm左右。体翅暗灰褐色。胸部灰褐色。腹面白色，腹部两侧有白色及黑色斑，尾毛棕色扩散呈刷状。前翅内、中两条横线弯曲，棕黑色；后翅橙黄色，基部及外缘有暗褐色带。

拉丁名：*Macro glossum*

小豆长喙天蛾

1 龄幼虫

在石头上停歇晒太阳的小豆长喙天蛾。

褐色型末龄幼虫

绿色型末龄幼虫

天蛾科。

分布于东北部分地区及华北部分地区。

1年1代。成虫有在傍晚取食花蜜的习性。幼虫寄主为水蜡树、丁香等。以老熟幼虫入土化蛹过冬。

识别要点： 翅展85mm左右。头部灰色掺有黑色鳞毛。胸部黑色，在后胸末端掺杂有灰白色或蓝白色鳞毛。腹部灰色，中线处灰色宽带中央为细小黑色线，各节连接处有黑色鳞毛形成的带纹。前翅前缘灰褐色，其后部灰白色，然后为黑色，横线不明显，只有外横线明显；后翅底色为灰白色，中横线和外横线为黑色宽带，外缘区稍带绿色。

拉丁名：*Sphinx ligustri*

红节天蛾

天蛾科。

分布于华南、华北、华东及西南地区。

成虫夜间具趋光性，4～10月灯下可见。幼虫寄主广泛，有泡桐、女贞、丁香、悬铃木、白蜡树、凌霄、荆条等。

识别要点： 翅展90～130mm。胸部背板有棕黑色似半圆形条纹。腹部背面中央及两侧各有1条灰黑色纵纹。前翅中部有2条棕黑色波状横线，中室下方有2条黑色纵纹，翅顶有1条黑色曲线；后翅棕黑色，前后翅外缘由黑白相间的小方块斑连成。

拉丁名：*Psilogramma menephron*

霜天蛾

▲在荆条上的末龄幼虫。

▲在泡桐果序上的末龄幼虫。

拉丁名：*Calyptra lata*

平嘴壶夜蛾

夜蛾科嘴壶夜蛾属。

分布于华北部分地区及东北部分地区。

成虫发生期7～9月，取食葡萄、柑橘、桃、苹果等花、果的汁液。幼虫寄主为柑橘、紫堇、唐松草等。

识别要点：翅展50mm左右。下唇须发达、前伸，端部宽大。头、颈板、胸背面具有几条浅灰色或白色的细条纹。腹部为灰褐色。前翅底色为暗棕褐色，伴有粉色光泽，从顶角至后缘中部有1条深红褐色条纹，基线和内横线暗褐色，但是不太明显，后缘基部到中前部向外突起；后翅基部淡褐色，其他部分暗褐色，外缘毛黄色。

光裳夜蛾

拉丁名：*Ephesia fulminea*

夜蛾科。

分布于华北部分地区及东北部分地区。

成虫发生期 7～8 月。幼虫寄主为李、桃、苹果、梨等植物。

夜蛾科是鳞翅目中最大的一个科。成虫身体中至大型，体色多灰暗，前后翅颜色、花纹差异较大。部分种类幼虫第一、二对腹足退化。

识别要点： 翅长 50mm 左右。头、胸、腹和翅底色为灰色。前翅基半部从基部向外呈灰色—灰褐色—黑色的变化，肾斑明显，其外部伴有黑色圆斑，外横线长齿状、黑色，中外横线区灰白色，外缘区浅褐色；后翅中横线和外缘区黑色，在顶角处有 1 小的黄色斑块，近臀角的外缘区黑带有似连非连的狭窄部分，近后缘有 1 纵向短黑带。

旋目夜蛾

拉丁名：*Spirama helicina*

夜蛾科。

分布于东北、华东、华中、西南、华南等地的部分地区。

成虫发生期5～8月，取食桃树、葡萄、苹果等花或果的汁液。幼虫寄主为合欢。

识别要点：翅展60mm左右。头、胸、腹和翅底色为棕灰色。雌性前翅前缘棕色，向后缘逐渐成棕灰色，内外横线黑色明显，外横线由2条细线组成带状；后翅基半部多呈黑色，中线区有3～4条黑色和灰白色条纹，其外有棕色向外渐呈暗至黑色的外横线区。此种个体间形态差异很大。

箩纹蛾

拉丁名：*Brahmaea certhia*

箩纹蛾科。

分布于华北、华中等地。

幼虫寄主为木犀科植物等，在苔藓或石块下的浅土层化蛹。成虫7月出现，夜间具趋光性。

识别要点：翅展110mm。体型较大，体色棕黑，螺纹褐色，前翅中带由10个长卵形横纹组成，中带内侧为7条波浪纹，褐色间棕色，翅基菱形，棕底褐边，中带外侧为6条箩筐编织纹，浅褐间棕色；后翅中线白色，中线内侧棕色，外侧有8条箩筐纹，外缘褐间黑色。头部及胸部棕色褐边，腹部背面棕色。

拉丁名：*Pterostoma sinicum*

槐羽舟蛾

舟蛾科羽舟蛾属。

分布于华北、华东、华中地区及东北、华南、西南、西北等地的部分地区。

成虫发生期4～8月，1年2代。春型一般7月左右化蛹，夏型一般10月左右在土中化蛹越冬。卵产于叶背面，一般2～3个1组。幼虫寄主植物为刺槐、辽杨、多花紫藤等。

识别要点：翅展70mm左右。头、胸、腹淡灰色。翅底色为淡灰色，内外横线浅红灰色，呈锯齿状，从外横线向外各翅脉上被有明显的黑色鳞片，外缘钝锯齿状，后缘中部和臀角处着生黑色长饰毛；后翅中后部暗灰色，在中室端部着生有1个浅褐色圆斑，有些个体较模糊。

拉丁名：*Uropyia meticulodina*

核桃美舟蛾

幼虫

舟蛾科。

分布于东北、华北、华东、华中地区及西北部分地区、西南部分地区。

成虫发生期6～9月，1年2代。以5龄老熟幼虫在树叶上作白色的茧化蛹越冬。幼虫寄主为核桃。

识别要点： 翅展55mm左右。头和腹部浅灰色。胸部背面深褐色。前翅基部后半部开始的深褐色条纹沿着中室下方向外缘延伸，在亚外缘区变宽，覆盖到整个外缘，在中横线和亚外缘线之间着生有3条浅黄灰色条纹，前缘和后缘颜色略有加深；后翅颜色单一。

交配中的杨扇舟蛾。

舟蛾科扇舟蛾属。

分布于全国大部分地区。

成虫发生期4～10月，1年2代。幼虫寄主为柳、杨等。以老熟幼虫在落叶或土中化蛹越冬。

舟蛾科幼虫体色通常比较鲜艳，常有背突、角突和刺突等，臀足不发达或特化成向外翻的腺体。受到惊吓时，通常只靠腹足抓紧枝条，头尾翘起，形似小舟，故得名舟蛾。

识别要点：翅展35mm左右。头顶至中胸背面有红褐色条纹。前后翅灰褐色，前翅内中外横线浅灰白色，其外侧均呈暗色，中室端部到外缘红褐色呈扩散分布，外横线在其前缘处白色明显，并伴有橙色小斑点，亚外缘线由一系列小斑点组成，在近臀角处可看到明显的黑色条纹；后翅浅褐色。

拉丁名：*Clostera anachoreta*

杨扇舟蛾

▲ 正编织叶巢的杨扇舟蛾幼虫。

▶ 正在产卵的杨扇舟蛾。

榆小毛虫

拉丁名：*Epicnaptera ilicifolia*

枯叶蛾科。

分布于华北地区及东北地区。

成虫发生期4～5月。幼虫寄主为柳、榛、银杏、白桦等。

识别要点： 翅展30mm左右。体和翅底色黄棕色。头部背面掺杂有白色鳞毛。肩板掺有灰色鳞毛。前翅横线暗灰色、弯曲，外横线内外侧伴有苍白色，外缘区苍白色，中室基半部有白色斑；后翅基半部褐色，缘毛一部分为白色，外缘区暗色，横线内外伴有苍白色。

拉丁名：*Gastropacha quercifolia*

李枯叶蛾

枯叶蛾科枯叶蛾属。

分布于东北、华北、华中及华南地区。

幼虫寄主主要为柳、蔷薇科植物，对桃、樱桃、梅、梨、银杏等经济树木有危害。

识别要点：翅展雄性70mm，雌性80mm左右。此种雌雄差异不是很明显，体态上雌性较大。体和翅黄棕色或者黄红色。触角深褐色。前翅前缘褐色，翅脉浅褐色，外横线波浪状，模糊；后翅底色同前翅，前后翅外缘波浪状，在静止时重叠呈枯叶状。

拉丁名：*Lygris ludovicaria*

葡萄洄纹尺蛾

尺蛾科洄纹尺蛾属。
分布于华北部分地区及我国西部地区。
成虫发生期6～7月。幼虫寄主有葡萄等。

尺蛾科种类繁多，一般体形为中小型，身体狭瘦，翅大而薄，飞行能力弱。

识别要点： 头、胸、腹和翅均为白色。胸部背面有3条黑色纵纹。腹部背面有2列黑斑。前翅内中外横线由4条黑纹组成，在后缘附近相聚，相聚后方橘黄色，有2～4个不规则黑斑，亚外缘线由3个黑条纹组成，从翅顶出发结束于中后部，外缘线黑色；后翅中室基部前方有1黑色圆斑，外缘区分布有黑色斑带，臀角到外缘中部区为橘黄色，其上分布有3～4个不规则黑色斑点。

拉丁名：*Timandra comptaria*

紫条尺蛾

尺蛾科条尺蛾属。

分布于华北部分地区。

成虫发生期6～8月。幼虫寄主有柳等。

尺蛾幼虫前3对腹足退化，通常模仿树枝的样子，其爬动的时候身体弯曲成拱形，又称造桥虫。因为幼虫爬动的时候很像在丈量，故得名尺蛾。个别种类雌蛾翅完全退化。

识别要点： 翅展40mm左右。雄性触角栉齿状，雌性丝状。体和翅淡黄褐色。前翅翅顶至后缘中部有1粗大的红褐色条纹，前缘颜色较暗，外横线浅红褐色，外缘线红色；后翅线条类似前翅，在静止时与前翅线条相衔接。

拉丁名：*Problepsis superans*

猫眼尺蛾

尺蛾科眼尺蛾属。
分布于华北部分地区。

成虫发生期6～9月，1年2代。出现于低山地阔叶林中。

识别要点： 翅展46～50mm。头、胸和翅底色为白色。腹部黑色掺有白色鳞毛，伴有银色金属光泽。前翅中室端部有1褐绿色大圆斑，中央灰白色，其后方有不规则褐绿色斑块，这两个斑块镶有银色金属光泽，外横线浅棕色，亚外缘线由1列褐色斑点组成，缘毛银白色；后翅近似前翅。

拉丁名：*Culcula panterinaria*

木燎尺蠖

尺蛾科。

分布于华北、西南、华中、华东等地的部分地区。

成虫发生期6～8月。幼虫寄主有落叶松、红松、椴等。

识别要点：头、胸、腹和翅的底色为白色。头顶黄棕色。胸部背面黄棕色和浅黑色不规则分布。腹部背面黑色斑点不规则分布，有些个体中黑点连成片。前翅基线和外横线黄棕色，后者由斑点组成，翅面浅黑色斑点或块不规则分布；后翅中室端部有浅黑色圆斑，外横线由点斑组成，近后缘处加宽，黄棕色明显。

拉丁名：*Iotaphora admirabilis*

青辐射尺蛾

尺蛾科辐射尺蛾。

分布于华北部分地区及东北部分地区。

成虫发生期7～8月。

▲白天躲在叶背的成虫。

识别要点：翅展70mm左右。头、胸、腹和翅底色为浅绿色。颈板及胸部背面两侧有黄绿色鳞毛。腹部各节衔接处有白色鳞毛。前翅基线黄绿色带有白色和深绿色外环，外横线黄绿色伴有白色和深绿色内带，从外横线向外缘在各翅脉之间有辐射状黑色条纹分布，外缘线暗褐色，中室端部有弧状黑色线段；后翅近似前翅，在静止时外缘线相连衔接。

黄星尺蛾

拉丁名：*Arichanna melanaria*

尺蛾科星尺蛾属。

分布于华北部分地区、华东部分地区及东北地区。

成虫发生期6～8月，1年2代。分布于山地，出现时密度很大。

识别要点：翅展50mm左右。头、胸、腹底色为灰色。前后翅底色为黄色，前翅各横线和缘线均由深褐色点斑组成，各主脉间着有灰白色；后翅点斑较大。此种不同种群翅色差异较大。

斜线燕蛾

拉丁名：*Acropteris iphiata*

燕蛾科线燕蛾属。

分布于华北、华东、西南等地的部分地区。

成虫发生期 7～8 月。有白天活动的习性。

燕蛾是白昼飞翔，色彩美丽，形似凤蝶的中大型蛾类。大部产于热带和亚热带。全世界已知约 750 种，中国现知有 7 种。

识别要点： 翅展 25～32mm。翅膀粉白色，棕褐或茶褐色斜纹，斜纹可分为 5 组，前后翅相通，中间为一斜白带相隔，斜白带前方为浓褐色，中室全被覆盖，斜白带后侧 1 组为浓褐色，尤其在后翅上包括许多线纹，第二组只两条斜线。

褐边绿刺蛾

拉丁名：*Parasa consocia*

幼虫

刺蛾科。

分布于中国大部分地区。

1年1代。幼虫寄主植物繁多，包括榆、槐、枣、核桃、苹果、杨、柳、月季、樱花等等。以老熟幼虫在土中结茧越冬。

刺蛾科成虫体粗壮，翅通常短而宽，幼虫蛞蝓状，头部缩在胸内，身体具毛刺或枝刺，没有腹足。意外触碰幼虫后，人体皮肤会有灼热和疼痛感，所以俗称洋辣子。

识别要点： 头、胸和前翅粉绿色。胸背中央有红褐色纵线1条。前翅基部有放射状红褐色斑1块，外缘有一浅褐色宽条，镶棕色边，缘毛深褐色；后翅及腹部浅褐色。

步甲科。

分布于东北及华北部分地区。

捕食其他节肢动物、软体动物或取食死亡动物尸体，经常发现于北京山区石下。

▲绿步甲的卵吸收水分后会膨胀。

识别要点：体长29～35mm。全身金绿色或铜红色。口器、触角、足、腹面黑色。头、前胸背板金绿色或铜红色。鞘翅瘤突黑色。其余部分金绿色或铜红色。

拉丁名：*Carabus smaragdinus*

绿步甲

低龄幼虫

末龄幼虫

▼两只雄虫正争着与1只雌虫交配。

蠋步甲

步甲科。
分布于我国大部分地区。
本种捕食多种害虫，在作物覆盖度较大的农田发生较多。

步甲又名步行虫。体小至大型。多数黑色或有艳丽金属光泽，头部窄于前胸。鞘翅一般隆凸，表面多具刻点行或者瘤突。后翅一般发达，土栖种类后翅退化，左右鞘翅愈合。足细长，适于行走。

识别要点：体长16～20.5mm。全身基本黑色，触角基部3节、足黄褐色。前胸背板中央黑色，边缘棕褐色。鞘翅中央有1个黄褐色至暗红色大斑。本种体色、斑纹变化较大，图中的为最常见型。

碎纹粗皱步甲

Carabus crassesculptus

步甲科。

分布于华北部分地区。

成虫栖息于密林深处的落叶层中或石下，于夜间活动，有强烈的趋糖、醋、酒3种物质混合液的特性。

识别要点： 体长约22mm，鞘翅最宽处约7mm。虫体俯面观略呈梭形。头部向前伸，但略斜向下。上颚发达形如巨齿。复眼黑色，半球状向外突出。触角线状，伸达鞘翅前方约1/3处。虫体背面从头至鞘翅末端都有金属蓝色光泽。似方形的前胸背板上密布细小黑色刻点。而鞘翅上的刻点有大有小，排列较为整齐，如同粗皱的碎纹一般。

拉丁名：*Onthophagus gibbulus*

小驼嗡蜣螂

金龟科。

分布于华北及东北地区。

华北地区年生一代。本种为北京较常见的种类，发现于牛粪、羊粪、人粪中。

金龟总科又称鳃角类，是鞘翅目中一个大而独特的类群，以其触角端部3～8节向前侧延伸呈梢状或鳃片状而易于认别，藉此界定其类群范畴，与步甲、瓢虫、天牛等区别开来。

识别要点：体长9.5～10mm。全身除鞘翅外黑色。鞘翅黄褐色，密布无规则黑色斑点。本种雌雄性二型明显。雄性头部近三角形，头顶有1S型指状突。雌性头部没有指状突，只有短小的横脊。

1图中均为雌性。

塞西蜣螂

拉丁名：*Sisyphus schaefferi*

金龟科。

分布于华北及东北地区。

本种是北京最著名的一种蜣螂，多见于人、畜粪中，有推粪球的习性。最早见于5月上旬的山中，大量发生时，可以听到成百上千只一起推粪球的声音。本种的名称来源于古希腊神话中的暴君西西弗斯（Sisyphus）。

识别要点：体长7～13mm。身体圆隆，全身黑色，无光泽。最主要特征为后足腿节后部收缩呈棒状。

臭蜣螂

拉丁名：*Copris ochus*

雌虫

金龟科。

分布于东北及华北等地区。

北京常见于山区，有趋光性。成、幼虫均食粪。

金龟总科类昆虫头部常较小，多为前口式，后部伸入前胸背板，口器发达，尤其是上颚多甚发达。科学上统称金龟子。但民间俗称的金龟子一般不包括金龟科。

识别要点： 体长21～27mm。体中大型、隆拱，全身黑色，光泽较暗。雄虫头顶有1大型后弯的角突，而雌虫只有横形隆起。

均嗡蜣螂

拉丁名：*Onthophagus nuiformis*

金龟科。
分布于华北及东北地区。
北京5月份可见成虫。发生期数量较大。成、幼虫均食粪。

金龟科是金龟总科中的一个大科。本科是一类食粪昆虫，多以哺乳动物排泄物为食，俗称屎克螂，亦称蜣螂，对净化环境起十分重要的作用。

识别要点： 体长8～11.5mm。中小型种类，全身黑色，光泽较弱。雄虫头面基部有1个小型短锥状突起，雌虫头面基部仅有1矮板状突起。

飞行中的赭翅臀花金龟。

花金龟科。

分布于东北、华北、西北、华南、西南等地的部分地区。

北方地区年生一代。成虫5月上旬到7月初都可以见到。本种飞行能力强，有集群性。食性复杂，可取食蚜虫，也可以危害柑橘、槐树的花器。

花金龟科昆虫多为白天活动，表面具华丽的斑纹，体色艳丽，具金属光泽。成虫常大胆的钻入花中取食花粉和花蜜。

识别要点：体长18～20mm。唇基中部、边缘为黑色，其余部分为乳白色。前胸背板中央黑色，两侧黄白色。鞘翅有大面积的棕黄色区域，边缘为黑色。后胸前侧片、后胸后侧片白色。

名：*Campsiura mirabilis*

赭翅臀花金龟

一边交配一边捕食蚜虫的赭翅臀花金龟。

拉丁名：*Oxycetonia jucunda*

小青花金龟

群集吸食树汁的小青花金龟。

花金龟科。

分布于我国大部分地区。

年生一代。成虫发生期4月下旬。广泛分布于北京各地。可以取食苹果、海棠、玉米等多种植物。经常与斑青花金龟混合发生。

取食花朵的小青花金龟

识别要点：体长12～14mm。色型很多，有古铜、红铜、暗绿、青黑等色。鞘翅、前胸背板具毛，有大小不等的白色斑。腹面黑色，有黄褐色长绒毛。

拉丁名：*Oxycetonia bealiae*

斑青花金龟

花金龟科。

分布于我国大部分地区。

本种习性与小青花金龟类似。

识别要点：体长13～17mm。本种曾作为小青花金龟的1个变种．主要区别在于本种鞘翅、前胸背板几乎不具毛或毛较少，鞘翅中部有1大红斑，红斑下侧角有1个银白色或者银黄色横斑。

凹臭斑金龟

斑金龟科。

分布于我国北部地区。北京地区较为少见。

通常喜欢活动于较高海拔的地区，成虫无趋光性。

识别要点： 体长24～30mm。体型较大，全身黑色，有的个体鞘翅为暗红色，光泽较暗。明显特征是前胸背板中央有1个“T”型深凹陷。

蓝边矛丽金龟

Callistethus plagiicollis

丽金龟科。

分布于我国东北至华中大部分地区。

成虫取食核桃、葡萄、野葡萄等植物。在北京山区经常可以见到。

最常见的铜绿金龟子就属于这一科。丽金龟科昆虫一般色泽鲜艳美丽，背面无毛，有金属光泽，鞘翅有成行的刻点。成虫取食植物地上部分；幼虫取食植物地下根茎。

识别要点： 体长12.7~17.4mm。全身油亮、黄褐色，足深色，有紫蓝色闪光。前胸背板和唇基有微弱紫铜色或紫蓝色光泽。

拉丁名：*Polyphylla gracilicornis*

小云鳃金龟

鳃金龟科。

分布于东北、华北、西北、华中等地的部分地区。

北京多发生在山区。幼虫为重要地下害虫。成虫基本不取食，趋光性强。

识别要点： 体长26～28.5mm。体中到大型，栗褐至深褐色。头、前胸背板颜色较深。鞘翅颜色较浅。全身密布云斑状鳞片。本种有一极为相似种，即大云鳃金龟，最明显区别为大云鳃金龟的体长为31～38.5mm。

拉丁名：*Maladera* sp.

绢金龟

鳃金龟科。

分布于我国大部分地区。

绢金龟在北方地区1年1代。以成虫越冬。4月下旬可见成虫。食性很杂，可取食150种以上植物，是农作物的大害虫。

鳃金龟科昆虫类型多样，体小到大型，以中型种类最多。触角鳃片状，体色相对较为单调，布斑纹，光泽有强有弱。

识别要点：体长6～9mm。小型昆虫，卵形。全身黑色至棕褐色。鞘翅表面粗糙、具毛、无光泽。触角9节，鳃状，棕褐色。

正在取食叶甲卵的奇变瓢虫。

瓢虫科。又称龟纹瓢虫。

分布于东北地区、华北地区、华中地区及华南地区。

捕食蚜虫以及叶甲类的幼虫、卵。

这种瓢虫斑纹变化多达20多种，以往分为两个种，另一种名为六斑异瓢虫(*Aiolocaria hexaspilota*)。经杂交及形态学研究确认为是同一种。实际上我们可以在一棵树上找到不同斑纹的这种瓢虫。由于这种瓢虫的外形与龟甲比较相像，在日本它叫龟甲瓢虫，台湾有时称龟瓢虫。

识别要点：体长9.7~10.2mm。身体宽卵形，背面光滑无毛。前胸背板基色黑色，两侧各1大黄白色斑。鞘翅色彩由黑、红色组成，黑、红比例和斑纹大小变化很大。

奇变瓢虫

拉丁名：*Aiolocaria mirabilis*

交配中的奇变瓢虫。

幼虫

蛹

正在产卵的奇变瓢虫。

交配中的异色瓢虫。

瓢虫科。

分布于我国大部分地区。

本种寿命较长，取食量大，可作为良好的生物防治材料，并且已经在很多地方应用。可捕食多种蚜虫、介壳虫、木虱等昆虫，起到很好的防治效果。

本种鞘翅上的斑纹、色彩变化极多，貌似许多不同的种，是遗传学上研究色斑遗传的材料。嵌镶显性的遗传现象，就是我国遗传学家谈家桢在异色瓢虫上发现的。

识别要点： 体长5.4～8mm。中、小型昆虫。鞘翅斑纹、颜色变化极大，已知达100种以上，可按鞘翅的底色分为黑色型和黄色型。图中为两头黑色型在交尾。本种有1个显著的特征可以与其他瓢虫相区分，即在鞘翅的近端部有1个横向突起，称为横脊。

拉丁名：*Harmonia axyridis*

异色瓢虫

异色瓢虫幼虫同类相残。

蛹

▲ 在墙角群集越冬的异色瓢虫

拉丁名：*Propylea quatuordecimpunctata*

方斑瓢虫

瓢虫科。

分布于我国大部分地区。

捕食蚜虫、粉虱、蚧虫等害虫。

识别要点： 体长3.5～4.5mm。身体长圆形，一般每鞘翅具方形黑斑7个，但是黑斑经常发生扩大、相连、缩小、消失等多种变异。鞘翅的颜色也有很多变化，黄色、橙色、红色等等。

名：*Coccinella quatuordecimpustulata*

双七瓢虫

瓢虫科。

分布于我国除西南地区外的大部分地区。

捕食麦蚜、艾蒿蚜、菜蚜等蚜虫。

瓢虫科昆虫身体小至中型，体形多为卵圆形，个别为长形，体色多样。头部多被背板覆盖，仅部分外露。幼虫头小，体形多为纺锤形，体侧或背面多有枝刺或瘤突。

识别要点：体长3.3～4.0mm。体卵圆形。头部黄色，雄虫头顶黑色，雌虫头部黑色而复眼附近有黄色斑。触角黄褐色。前胸背板黑色，前缘黄色将两角的黄斑相连。鞘翅黑色，各有7个黄斑，按2、2、2、1排成内外两行。

多异瓢虫

瓢虫科。

分布于我国大部分地区。

捕食多种蚜虫。以成虫在麦田、果园中越冬。

瓢虫科昆虫大部分种类肉食性，成、幼虫多以蚜虫、介壳虫为食，可以开发为生物防治的天敌昆虫。

识别要点： 体长4～4.7mm。前胸背板上黑斑的前缘呈4个指状纹，或相连而黑斑内有2个小黄白点。鞘翅上的斑点共有13个，但常有一些斑点消失或相连。本种变化很大，已知鞘翅斑纹有100多种。

拉丁名：*Henosepilachna vigintioctomaculata*

马铃薯瓢虫

瓢虫科。

分布于东北、华北、华东、西南等地。

成虫和幼虫均在叶背取食。取食叶肉，只剩下表皮。成虫有假死性。

识别要点：体长6～8mm。体背黄褐色至红褐色，被黄灰短毛，黑斑毛黑色；头部具0～2个黑斑，前胸背板1个大斑或几个小斑，每边鞘翅黑斑14个。

拉丁名：*Thyestilla gebleri*

麻竖毛天牛

天牛科。

分布于我国大部分地区。

北方1年1代。以幼虫在寄主植物茎秆中过冬，第二年4月下旬至5月中旬化蛹，6月为成虫羽化盛期。成虫飞翔能力较差，迁移扩散能力不强。主要寄主为桑、大麻和棉花等。

识别要点： 体长10～14mm。背面体色变化较大，浅灰色到棕黑色不等，密布短毛。腹面颜色较浅，白色或灰色。头面两侧白色。前胸背板中央及两侧共有3条灰白色纵纹。小盾片、鞘翅两侧及边缘灰白色。

拉丁名：*Polyzornus fasciatus*

多带天牛

交配中的多带天牛。

天牛科。

分布于我国大部分地区。

北方一般为2年1代，也有1年1代或3年1代的情况。成虫6月中旬羽化。多在晴朗的白天飞到蜜源植物上集群取食、交配。寄主植物很多，包括杨柳科、菊科、伞形科等等。

识别要点： 体长11～19.3mm。触角黑色，11节。体色、斑纹变化较大。全身绿色、深绿、蓝绿、蓝黑等颜色，有金属光泽。鞘翅有两条黄色横带，横带的宽窄、形状变化很多。

天牛科。
广泛分布于我国大部分地区。

北方一般2年1代。6月初可见成虫危害。大量发生时造成树干中空、皮层脱落，为经济树木害虫之一。寄主很多，包括蔷薇科、杨柳科、榆科等等。

识别要点：体长28～37mm。全身黑色，有光泽。前胸中间部分背板红色，前后缘黑色。本种与杨红颈天牛相似，区别在于杨红颈天牛体形较小，鞘翅深绿色。

拉丁名：*Aromia bungii*

桃红颈天牛

交配中的桃红颈天牛。

拉丁名：*Aromia moschata*

杨红颈天牛

天牛科。

分布于华北部分地区及东北部分地区。

我国北方地区2年1代，以幼虫越冬。成虫6月中下旬出现，卵产于树皮裂缝处。是林木的大害虫。寄主有杨柳科及蔷薇科植物等。

识别要点：体长24~28mm。体深绿色，前胸背板红色至橙黄色。本种与桃红颈天牛非常相似，区别在于桃红颈天牛体型更大，全身除前胸背板外均为黑色。

红缘亚天牛

拉丁名：*Asias holodendri*

天牛科。

分布于我国北方大部分地区。

北方1年1代。以幼虫越冬。成虫最早可在5月上旬见到。白天活动。寄主为豆科、杨柳科、榆科等植物。

识别要点： 体长11～19.5mm。身体基本为黑色，鞘翅肩部有1对红色斑，外缘各有1条红色纵纹。红色斑大小、红色条纹宽窄变化较大，有时红色斑和红色纵纹可以连接在一起，而在鞘翅肩角出现1黑斑。

苎麻双脊天牛

天牛科。
分布于我国大部分地区。

北方一般1年1代。以幼虫在树干内越冬。6月上旬可见成虫活动。主要危害苎麻、麻、刺槐、核桃、杨、榆等植物。

识别要点：体长10～16mm。全身黑色，被草绿色至淡蓝色绒毛。浅色部分斑纹变化较大。一般前胸背板中央有2个黑斑。鞘翅肩部、中部两侧、后部两侧各有1黑斑，后部黑斑中央还有1小白斑。

拉丁名：*Olenecamptus clarus*

黑点粉天牛

天牛科。

分布于我国北方大部分地区。

危害杨、柳、桑等植物。

识别要点： 体长16～18mm。全身基本为白色，足、触角棕褐色，口器部分黑色。头部末端中央有1黑斑。前胸背板中后部中央有1黑斑，两侧各有2个黑斑；小盾片基部有1黑斑；每个鞘翅可见2个，肩部有1黑色带。

四点象天牛

拉丁名：*Mesosa myops*

天牛科。

分布于我国大部分地区。

北方地区1年1代。以成虫、幼虫越冬。5月上旬可见成虫活动。主要危害杨、柳、榆、栎等10余属林木。是城乡绿化的重要害虫。

识别要点：体长8～15mm。全身密布灰色、黄色、黑色短绒毛。明显特征是前胸背板有4个眼斑，前2个较大，后2个较小。

: *Agapanthia amurensis*

苜蓿多节天牛

天牛科。

分布于我国大部分地区。

北方1年1代。成虫5月中旬出现。危害苜蓿、刺槐、松树等植物。

交配中的苜蓿多节天牛。

识别要点： 体长10～17.5mm。全身金属蓝或紫罗兰色。触角前3节黑色，第3节以后各节基部白色。本种与毛角多节天牛相似，主要区别为毛角多节天牛第3节以后各节基部为棕红色。

拉丁名：*Purpuricenus petasifer*

帽斑天牛

天牛科。

分布于华北、华中等地。

寄主为榉树、板栗树等。

天牛科昆虫身体小至大型，体长形，颜色多样。触角11节，丝状，有些种类的触角可以达到体长的数倍。幼虫在树干内蛀食树木。

识别要点：体长16～21mm。中型昆虫，体色暗红色，鞘翅上有6个黑色斑点（左右各3个），前胸背板上有5个黑色斑点。足、头、触角为深黑色。

名：*Menesia sulphurata*

培甘弱脊天牛

天牛科。

分布于东北至华中的部分地区。

北京山区5月可见成虫，取食苹果、培甘(美洲小核桃)、山核桃等植物。

识别要点：体长6～9mm。小型。全身底色黑色，触角周围、前胸背板两侧及小盾片黄色。每个鞘翅有4个黄斑。触角、足黄褐色。腹面两侧白色。

拉丁名：*Corymbia succedanea*

黑角散花天牛

天牛科。

分布于我国东部大部分地区。

北京7月份可以见到成虫。常在花丛中寻蜜、交尾。

识别要点： 体长10～20mm。中型昆虫。全身除头部、足、触角、小盾片、腹面外基本为暗红色至橙红色。足腿节内侧和胫节有时为红褐色。

芫天牛

拉丁名：*Mantitheus pekinensis*

天牛科。

分布于华北、华中等地。

雌虫在寄主树皮的缝隙中产卵，成虫趋光性强。寄主为白皮松、核桃、苹果等。

识别要点： 体长18mm左右。雌虫外貌酷似芫菁，头正中有1条细纵线，触角细短；鞘翅短缩，仅达腹部第二节；缺后翅。腹部膨大。雄虫体较狭，鞘翅覆盖整个腹部，具后翅。

绿芫菁

一边取食一边交配的绿芫菁。

芫菁科

分布于东北、华北、华中地区。

多取食豆科植物。北京5月中下旬中午时分，可见其在锦鸡儿丛中飞行。有假死性，受惊时足部会分泌对人体有毒的黄色液体。以假蛹在土中越冬。

芫菁科昆虫又称斑蝥，有些种类遇到惊扰时腿间会分泌黄色有毒液体（斑蝥素）。成虫体壁柔软，前胸狭窄，鞘翅较薄，末端分支。

识别要点： 体长17～20mm。全身蓝绿色、蓝色或铜红色光泽。触角念珠状。前胸背板前端缢缩，多为蓝色或蓝绿色。鞘翅柔软。

拉丁名：*Epicauta* sp.

豆芫菁

芫菁科

广泛分布于我国大部分地区。

豆芫菁我国有很多种，主要危害苜蓿、甜菜、马铃薯、南瓜、向日葵等作物，是农业的大害虫。有假死性。受惊时足部会分泌对人体有毒的黄色液体。以假蛹在土中越冬。

识别要点： 体长16～19mm。中型昆虫。全身黑色，只有头部后缘外侧为红色。鞘翅软。

斑芫菁

芫菁科

广泛分布于我国大部分地区。

斑芫菁我国有很多种。成虫主要危害植物花器，幼虫有取食蝗卵的习性，故幼虫为益虫，成虫为害虫。

识别要点： 体长12～17mm。中型昆虫。鞘翅橙色至黄色，具黑斑。头部、触角、足、腹面全部黑色，有光泽，密布长黑毛。鞘翅柔软。

名：*Oides decempunctatus*

十星瓢萤叶甲

叶甲科。又名葡萄十星叶甲。
分布于我国广大地区。

本种为我国葡萄重要害虫之一，大部分地区1年1代。幼虫和成虫均取食叶片，严重时将叶片全部吃光。以卵在寄主根部、石块下或墙缝中越冬。

识别要点： 体长9～14mm。体型类似瓢虫。触角末端3～4节黑色，其余黄褐色。每个鞘翅有5个近圆形黑斑，排列顺序为前部2个、中部2个、后部1个。

拉丁名：*Gastrolina depressa*

核桃扁叶甲

黑胸亚种

叶甲科。

分布于东北地区及华北、西北、华中等地的部分地区。

华北地区1年1代。每年5月成虫开始活动，卵产于叶背，幼虫孵化后群集叶背取食，只残留叶脉。5～6月份为成虫与幼虫同时为害期。

识别要点：体长6.5～8.3mm。体型长方形，很扁平。触角10节。头和鞘翅蓝黑色。前胸背板中部黑色，两侧棕红色。足黑色。

名：*Chrysomela salicivorax*

柳十八斑叶甲

叶甲科。

分布于东北地区及华北、西北、华东、西南等地的部分地区。

以成虫在枯枝落叶层或土缝内越冬，来年4月上旬即可看到越冬成虫活动。幼虫啃食叶片，仅留表皮和叶脉。老熟幼虫倒悬于叶下化蛹。成虫有假死性，受震动后会装死落地。

识别要点：体长6.3~8mm。体长卵圆形。触角末端5节黑色。前胸背板中部黑色，边缘黄白色。每个鞘翅有9个黑色斑，黑斑变化较多。本种与柳二十斑叶甲（Chrysomela vigintipunctata ）相似，主要区别是柳二十斑叶甲每个鞘翅有10个黑色斑。

拉丁名：*Gallerucida bifasciata*

二纹柱萤叶甲

鞘翅目

叶甲科。

广泛分布于我国除西藏、新疆以外的各地。

本种主要取食荞麦、桃、酸膜、蓼等植物。

叶甲科昆虫又叫“金花虫”，身体长形，具金属光泽，触角丝状。鞘翅一般盖住腹部，个别高山种类为短翅型。成、幼虫均为植食性。

识别要点： 体长7～8.5mm。身体椭圆形。头、背板黑色。触角11节，雄虫第4～10节呈锯齿状。鞘翅黄色、黄褐色或橘红色，黑斑变化较大。

: *Ophrida xanthospilota* 黄斑直缘跳甲

交配中的黄斑直缘跳甲

叶甲科。
分布于华北、华东、华中、西南等地的部分地区。

北方1年1代。成虫6月中、下旬出现，7月产卵于黄栌枝条叉处。卵成块状，外面有蜡质包裹。幼虫孵化后危害黄栌嫩芽。本种寄主仅为黄栌。

识别要点：体长6.7~7mm。身体宽卵圆形，棕黄色。触角11节，最后两节黑色，其他棕黄色。鞘翅有不规则黄斑。

瓢跳甲

拉丁名：*Argopistes* sp.

叶甲科。

分布于我国华北、东北地区。

瓢跳甲类大多取食木樨科植物。本种的寄主是暴马丁香和白蜡树。

识别要点： 体长3.5~4.1mm。半球形，外形很象瓢虫。体色一般为黑色，每个鞘翅中央有1大红斑，二红斑经常在鞘翅中缝处相接。触角棕黄色。后足腿节膨大，善于跳跃。

杨叶甲

拉丁名：*Chrysomela populi*

叶甲科。
广泛分布于我国大部分地区。

正在产卵的杨叶甲。

本种是杨柳科的重要害虫。成、幼虫均啃噬叶片，仅留叶脉。成虫有假死性，幼虫受惊后分泌乳白色液体，以臭气御敌。

识别要点：体长10～12mm。鞘翅黄至棕红色。前胸背板及头部蓝色或蓝黑、蓝绿色，有光泽。本种与白杨叶甲极为相似，主要区别为白杨叶甲体型较瘦，前胸背板侧缘没有本种弧拱。

梨光叶甲

肖叶甲科。
分布于东北至华中大部分地区。

北京早春可见成虫活动。在寄主杏、梨、苹果、榆等植物上取食或在周围飞翔。

识别要点：体长4～6mm。体长方形。鞘翅、头部为蓝绿、黑蓝或黑绿色，有金属光泽。前胸背板、足黄褐色。腹面密被银白色毛。

酸枣隐头叶甲

Cryptocephalus japanus

图中个体鞘翅前部内侧的黑斑与鞘翅中缝黑纹汇合。

肖叶甲科。

分布于华北地区及东北地区。

北京5月份可在野外的酸枣树上看到，也取食枣、圆叶鼠李等植物。

识别要点： 体长6.5～8mm。身体圆柱形。头、腹面、足黑色。触角11节。前胸背板中部有2条黑色宽纵纹，每个鞘翅一般有4个黑斑，前部2个、后部2个，黑斑的变化很多。

叶甲科。

分布于东北、西北、华北、华东等地。

1年2代，成虫和幼虫均取食榆树叶片。以成虫在墙缝内、石块下或表土中越冬。

识别要点：体长约7mm。体形近长方形。棕黄色，密布浅黄色柔毛和刻点。头部额中有深纵纹1条，头顶刻点粗密，中央有细纵沟1条和桃形黑纹1个，头顶中央及后方具黑斑。触角细长，黑色，被浅色毛，其后方各有三角形黑纹1个，触角间隆起呈脊状。

榆黄毛萤叶甲

拉丁名：*Pyrrhalta maculicollis*

▲ 榆黄毛萤叶甲遭遇到天敌——蝽类的若虫。

▶ 交配中的榆黄毛萤叶甲。

萝藦肖叶甲

拉丁名：*Chrysochus* sp.

肖叶甲科。

分布于我国大部分地区。

萝藦叶甲类一般都取食茄科、萝藦科植物，在北京很常见，经常可以看到在茄、芋、甘薯、曼陀罗、鹅绒藤等植物上危害。

识别要点：体长7.2～13.5mm。中小型昆虫。身体粗壮，长卵圆形。头部、前胸背板、鞘翅金属蓝或蓝绿或蓝紫色。触角黑色。

拉丁名：*Eucryptorrhynchus chinensis*

沟眶象

象甲科。

分布于华北、华东、西北、华中、西南等地的部分地区。

本种为臭椿树的重要害虫。发生于木质部与韧皮部之间，经常与臭椿沟眶象混合发生，对臭椿危害严重。

识别要点： 体长15～18.5mm。身体长卵圆形，隆突。鞘翅密布乳白、黑色、赭色鳞片。鞘翅基部被覆赭色鳞片，而后是白色鳞片，中间则为黑色鳞片，末端为白色鳞片；沿鞘翅缝散布赭色、白色鳞片。足主要被覆黑色鳞片，有零星白色鳞片。

拉丁名：*Eucryptorrhynchus brandti*

臭椿沟眶象

象甲科。

分布于东北、华北、华东、西北、西南等地的部分地区。常聚集在臭椿树干上交配，受到惊吓有假死现象。

象甲科昆虫最显著的特征是喙发达，向前突出，鞘翅特别坚硬。多数种类行动缓慢，具假死性。

识别要点：本种与沟眶象极为相似，区别在于本种体长9~11.5mm，赭色鳞片较少，头部基本为白色。

拉丁名：*Prismognathus davidis*

齿棱颚锹甲

在朽木中生活的幼虫。

成虫（雄）

锹甲科。

分布于华北部分地区及东北部分地区。

本种为华北地区较常见的锹甲种类。白天不爱活动，有趋光性。1 年 1 代。

锹甲科昆虫身体中至大型，成虫上颚及其发达，多呈鹿角状。成虫喜欢吸食树汁，雌雄体形差异较大。成虫多夜出活动，有趋光性，也有少数白天活动的种类。

识别要点：体长 15～20mm（不含上颚）。通体黑色，有光泽．雄虫上颚前伸，端部分叉，内侧密布 10 余枚齿状突起，极有力；雌虫上颚正常，前胸背板较平滑，不如雄虫。

威武的雄性黄褐前凹锹甲。

锹甲科。

分布于华北、华东、西北、华中、西南等地的部分地区及台湾地区。

本种为华北地区较常见锹甲种类。白天取食树液，有趋光性。华北地区1年1代。

识别要点：体长22.5~45mm（不含上颚）。鞘翅缝、小盾片黑褐色，前胸背板两侧有黑褐色圆斑，其余部分基本上都是黄褐色。本种雌雄差别较大，雄性上颚发达，雌性上颚小。

拉丁名：*Prosopocoilus blanchardi*

黄褐前凹锹甲

雄虫

准备交配的黄褐前凹锹甲，雌雄个体差异很大。

个体差异很大的雄性黄褐前凹锹甲。

幼虫

进食中的甘薯蜡龟甲。

铁甲科。

分布于华北、华中、西北、西南等地的部分地区及华南地区、台湾地区。

本种为我国重要的甘薯害虫，南方每年发生5～6代。成虫产卵于叶背，呈卵鞘状。幼虫身体扁平，黄色至黄褐色，有携粪习性。成、幼虫均危害番薯属、打碗花属植物。

铁甲科昆虫体型多变，额面向下后方扭转，2条触角着生处非常接近；体表常具各色刺突或瘤。

识别要点：体长7.5～10mm。身体近三角形，棕色或红棕色，散布不规则黑斑。前胸背板有2个小黑斑，有时不明显或消失。鞘翅具皱纹、粗刻点及凹陷，花纹变化很大。

拉丁名：*Laccoptera quadrimaculata*

甘薯蜡龟甲

群集的甘薯蜡龟甲。

交配中的甘薯蜡龟甲。

云纹虎甲

虎甲科。
全国广布。

捕食小型昆虫。喜在潮湿环境中活动，多见于水边、农田。

识别要点：体长8.5～11mm。体背面深绿色，有少许古铜色光泽。上颚发达，背面可见。鞘翅暗红色，花纹黄白色。肩部花纹呈“C”形；中央花纹呈斜“3”字形；端部花纹斜弧形。

拉丁名：*Cephalota chiloleuca*

黄唇虎甲

虎甲科。
分布于东北部分地区及华北地区。
捕食各种昆虫及小型动物。

虎甲科昆虫身体多为中型，体色艳丽，常具金属光泽和斑纹。头部宽于前胸，复眼突出，足细长，适于行走，经常在山路上被行人惊起后向前短距离飞行，又名引路虫。

识别要点： 体长10.0～12.0mm。鞘翅中部有暗铜绿色花纹，边缘土黄色。头部和前胸背板铜红色。前胸背板密布白色长毛。足腿节铜绿色，胫节以下以土黄色为主。

黄缘龙虱成虫在水中非常灵活，可以捕捉较大型的鱼类。

龙虱科。

分布于我国东部地区。

龙虱科昆虫我国有很多种。成、幼虫均在水中生活，取食水中昆虫及小鱼，发生量大时可对渔业产生危害。成虫身体流线型，后足特化为桨状游泳足，靠尾部露出水面收集空气，存储于鞘翅下边的储气囊中，用于水下呼吸。部分种类的成虫有趋光性，能够飞行较长距离。

识别要点：体长35～40mm。中到大型昆虫。体背面黑色至黑褐色，有光泽。头前部、前胸背板侧缘、鞘翅侧缘、腹面黄白色至黄褐色。后足为游泳足，雄性前足为抱握足。

拉丁名：*Cybister* sp. 黄缘龙虱

◀ 黄缘龙虱稚虫食量很大，它会从食管里吐出毒液，通过中空的上颚注入猎物体内，同时吐出具有强烈消化功能的液体，将猎物体内物质稀释后吸食。

▼ 黄缘龙虱稚虫头部特写。

◀ 黄缘龙虱稚虫需要离水上岸，在土室中化蛹。

拉丁名：*Gomphidia confluens*

联纹小叶春蜓

雌虫

雄虫

稚虫

春蜓科。

分布于华北、华中、华东、华南及台湾等地的部分地区。

稚虫栖息于平原长有挺水植物的池塘、湖泊里。成虫发生期为6～8月。雄性喜围绕着池塘飞行，有时雄性之间互相追逐，个别会撞到阻挡飞行路线的巨石上，是飞行能力很差的蜻蜓种类。

识别要点： 成虫腹长50mm左右，后翅长43mm左右。头部黄绿色具黑纹，头顶具有一对甚大的短突起，如两个小犄角。合胸黑色，前面有1对“7”字形黄绿条纹，侧面大部分黄绿色，具有1条明显黑纹。腹部大部分黑色，具黄绿色块斑；第一和第二腹节背中条纹均呈三角形，互相连接；第七腹节块斑较大，约占整节的2/3；第十腹节黄绿色，中间有两个小黑圆点，如同两个小黑眼睛。

拉丁名：*Ophiogomphus spinicornis*

棘角蛇纹春蜓

春蜓科。

分布于华北、西北等地的部分地区。

栖息于山地林间有洁净溪流的动态水域。成虫发生期6～9月上旬。

识别要点：雄性成虫腹长40～43mm，后翅长32～35mm。雌性成虫腹长41～47mm，后翅长35～40mm。头部大部分黄绿色，具黑褐色或黑色斑纹；雌性头顶后方具1对小犄角。合胸绿色，前方具明显的2对有弯曲度的黑纹，侧面除了明显的1条黑色细纹外大部分绿色。双翅透明。腹部黄色，各腹节两侧各具1条黑条纹，第七至十节的黑条纹末端扩大。

拉丁名：*Sinictinogomphus clavatus*

大团扇春蜓

春蜓科。

分布于华北、西北、西南、华中等地的部分地区及各沿海地区。

栖息于平原或丘陵的池塘、湖泊、水田、水渠等地。成虫发生期为6～9月。雄性喜停于水边的突出物上休息。当雌性点水产卵时，常有雄性在身旁护卫。

春蜓科昆虫身体中至大型，体黑色，具黄色花纹。常见于溪边或池塘边，早春发生较多。

识别要点： 成虫腹长56～60mm，后翅长45～49mm。头部颜面黄绿色，具有1较宽的黑横纹。合胸前方黑色，合胸脊两旁的1对黄条纹较短，其后的肩条纹黄色，胸侧面黄色，被2条相连黑条纹分为3块黄色区域。翅面透明，翅痣狭长。腹部黑色，具有黄斑，雄性第八腹节侧缘扩大如扇状，扇状中央呈黄色，边缘黑色。

马奇异春蜓

拉丁名：*Anisogomphus maacki*

雌虫

稚虫

春蜓科。

分布于华北、华中、东北、西北、西北、西南等地的部分地区。

成虫于山涧的中下游附近活动。成虫发生期6～8月。

蜓、大蜓、春蜓的区别可看两复眼间的距离：两复眼分离为春蜓；两复眼仅相交于一点为大蜓（此特征要细心看）；若两复眼相接区域较长，则为蜓。

识别要点： 成虫腹长35～37mm，后翅长31～33mm。头的“面部”黑色具有黄绿色横带纹。合胸前方有1对“7”字形黄条绿纹，外方黄绿色的肩条纹细长，其上方有小黄点，侧面黄绿色，具有2条明显黑纹。腹部黑色，第六至八腹节侧缘稍有扩大倾向，第一腹节背面有较大的三角形黄色斑块，第三至七腹节背面有很细的黄色纵纹，第七腹节侧方具1甚大黄斑。雌性除了上述色彩特征外各腹节侧面都有黄纹，形成1列不连续的黄纹。

大蜓科。

分布于华北部分地区。

栖息于山地林间有洁净溪流的动态水域。稚虫栖息于山川溪流的泥砂底部，生活期2～3年。成虫发生期为7～8月。成熟的个体沿着溪流往返飞行觅食、产卵，雌性单独点水产卵。

大蜓科昆虫身体大型粗壮。一般为黑色，具彩色条纹。生活于山谷溪流间，常沿溪流水面往返飞行。

识别要点： 雄性成虫腹长约57mm，后翅约43mm。雌性成虫腹长约61mm（包括长过腹端3mm的产卵器），后翅约48mm。头部黄色具黑纹，颜面被有黑色细毛。合胸黑色被有灰黑相间的细长绒毛，背条纹黄色，倒“八”字形，侧面有两条较宽的黄色斑块斜列，其间有不规则的黄斑点。雄性的翅面透明、稍具烟色；雌性的烟色较浓。腹部黑色，各节侧面和背面具黄绿至黄色斑。雌性产卵器黑色，长约8mm。

拉丁名：*Cordulegaster pekinensis* 北京大蜓

终龄稚虫

▶ 刚羽化的北京大蜓。

◀ 在山溪间产卵的北京大蜓。

刚羽化的碧伟蜓。

蜓科。

广布于我国。

栖息于平原或丘陵长有挺水植物的池塘、水田、水渠等地。成虫发生期4～10月。羽化不久后的个体常围绕着水边飞行。雌虫单独或雌雄连接式把卵产于水中植物组织或水面的漂浮物内。

其雄虫对类似同种颜色的个体特别敏感，因此使用雌虫诱捕雄虫几乎是每个男孩成长中必修的游戏之一。

识别要点： 成虫腹长53～57mm，后翅长51～55mm。头部前额端部有1黑纹，其后是天蓝色的横条纹。合胸淡绿色无斑纹。翅面略带淡黄色，雌性颜色颇深。腹部第一二节膨大。雄性第一和第二腹节的前缘为淡绿色，第二腹节大部分和第三腹节的基部为天蓝色，其余各腹节侧面淡黄色，背面和侧缘都有不规则的褐斑；雌性第一和第二腹节为黄绿色，其侧面有时具不规则褐斑，其余各腹节背面黑褐色，侧缘有黄绿色的斑纹。

碧伟蜓

拉丁名：*Anax parthenope*

▲碧伟蜓羽化过程。

▼碧伟蜓稚虫捕食鱼苗。

拉丁名：*Aeschnophlebia longistigma*

长痣绿蜓

交配中的长痣绿蜓

蜓科。

分布于华北部分地区。

栖息于平原的湿地和长有挺水植物的池塘或溪流处的积水附近。成虫发生期5～7月，活动范围多在羽化处附近。成熟的雌性独个在挺水植物上产卵。

蜓科昆虫身体大型，身体多为蓝色、绿色或褐色，飞行很快。有些种类单眼很大，多在黄昏飞行捕食蚊子。个别种类有较强的趋光性。

识别要点：成虫腹长53～55mm，后翅长43～48mm。体色主要为黄绿或青绿色。头顶表面有一明显的“T”型斑。合胸前面有3条较宽的黑纹，胸侧面无黑纹。腹部棒状，每节背面都有一对宽黑纹。上肛附器黑色，较长，长度与第九、第十节两节之和相等。雄性的翅透明；雌性的翅稍显黄褐色。

拉丁名：*Anax nigrofasciatus*

黑纹伟蜓

黑纹伟蜓雄性初熟个体，腹部斑纹还是黄色。

稚虫

蜓科。

分布于华北、华南、西南等地的部分地区。

稚虫生活于静止水域。成虫多见于池塘、水库、水田周围。

碧伟蜓和黑纹伟蜓的稚虫十分相似，仔细观察，碧伟蜓的腹部背面中央有1条淡色的细纵纹而黑纹伟蜓则没有。

识别要点：成虫腹长52～59mm，后翅长45～48mm。颜面黄绿色，额顶上有显著的“T”型纹。合胸黄绿色，合胸脊黑色，胸侧有2条粗黑纹。足黑色。雄性翅透明，腹部有鲜艳的蓝色斑点；雌性翅基部有琥珀色带，腹部则有黄色斑点。稚虫体长43～50mm，头宽9～10mm。酷似碧伟蜓稚虫，但足腿节有2～3条非常浓厚的黑斑纹，第七至第九腹节有侧刺棘。

雄虫

蜻科。

分布于华北、华东及香港等地的部分地区。

栖息于山谷溪流、或积水、池塘附近。成虫发生期7～8月。成熟的个体多停于岸边的石上或枯枝上小憩。

蜻科昆虫身体中等大小，种类繁多，也是最常见的。所谓“蜻蜓点水”的行为在本科中最为常见。稚虫多在静水下爬行觅食。

识别要点：成虫腹长34～37mm，后翅长37～42mm。头部颜面黑色。老熟的雄性整个身体蓝灰色；初熟的个体却同雌性一样合胸黄色侧面有2条黑色宽带纹，腹部黄色，具有黑纹。翅面基部有明显的黑斑。

异色灰蜻

拉丁名：*Orthetrum melania*

刚刚羽化的异色灰蜻。

蜻科。
除西南、西北等部分地区外，广布我国各地。

栖息于池塘、水田或大面积的湖泊、水库等静态水域。成虫发生期4～10月。老熟成虫喜停于一个地点觅食，活动范围较窄。

识别要点：成虫腹长32～40mm，后翅长36～43mm。颜面黄褐色，单眼与头顶瘤突之间为黑色。合胸淡黄至灰白色，胸侧面可见3条淡褐至黑褐斑纹。腹部淡黄色，第三至六节背面有1对弧状黑斑，第七至九节完全黑色，第十节和尾须呈乳白色。老熟雄性合胸有黑化倾向，从腹部的基端到第6节覆有白粉。老熟雌性显深黄色。

白尾灰蜻

拉丁名：*Orthetrum albistylum*

交配中的白尾灰蜻。

白尾灰蜻初熟雌虫。

刚刚羽化的白尾灰蜻。

蜻科。

分布于华北、西南等地的部分地区。

栖息于池塘、水库等静态水域。成虫发生期7～9月。羽化后的个体飞到山林间单独活动，金秋时节才回水边繁殖。

识别要点： 成虫腹长29～32mm，后翅长32～35mm。颜面黄色。老熟雄性全身灰蓝色。老熟雌性体色深黄。合胸前方褐色，侧面后方有1条黑纹。腹部黄色，第一至八腹节侧缘有黑色斑，第九节完全黑色。雌、雄的翅痣皆为黑黄双色，翅端稍具褐色。

线痣灰蜻

拉丁名：*Orthetrum lineostigma*

雌虫

雌虫

蜻蜓分为差翅亚目和束翅亚目两大类，前者包括蜻、蜓、大蜓、春蜓；后者包括豆娘、艳娘。二者的区别主要看前后翅上的“三角室”的排列：若前翅的“三角室”与后翅的平行且大小相似则为蜓、大蜓、春蜓这一类；反之为蜻这一类。

交配中的线痣灰蜻。

拉丁名：*Sympetrum uniforme*

大黄赤蜻

雌虫

蜻科。

分布于华北、华东等地的部分地区。

栖息于长有挺水植物的湿地、沼泽或水田旁。成虫发生期8～9月。

识别要点：成虫腹长31～34mm，后翅长34～38mm。雌、雄均全身金黄色无斑纹。前后翅都为灿烂的金黄色，但老熟雌性色泽变暗，翅面为黄褐色且较淡。

拉丁名：*Sympetrum pedemontanum*

褐带赤蜻

蜻科。

分布于华北、东北等部分地区。

栖息于山间溪流或有积水的池塘附近。成虫发生期8～10月。

识别要点：成虫腹长24～28mm，翅长27～31mm。虫体黄色至黄褐色。雌雄双翅翅面各有一褐色宽带纹。腹部黄色，仅第八至九腹节背面有小黑斑。老熟雄性腹部如同火焰般的红。

蜻科。

分布于华北、西北、华中、华东、华南等地的部分地区。

栖息于池塘和湿地边生长着树林的丘陵或平原地带。成虫发生期7～9月。初熟的个体都在树林里觅食，待秋叶红的时候，就陆续飞到水边繁殖。

识别要点： 成虫腹长24～27mm，后翅长28～30mm。头部前额上有2个黑斑，形如眉状，因此它们的中文名里有个“眉”字。合胸黄色至黄褐色，合胸脊处有1个三角黑斑，三角黑斑左右各有1条较宽的黑纹与之相离，胸侧面大部分褐色或黄色，黑纹较少。有的雌性双翅与雄性一样透明，而有的双翅端部有三角黑斑。腹部橙色，老熟雄性为深红色，老熟雌性为深黄色，雄性第九节侧面有小黑纹，雌性第三至第十节侧面都有细长的黑纹。

竖眉赤蜻

拉丁名：*Sympetrum eroticum*

◀ 竖眉赤蜻褐斑型（雌）。

◀ 交配中的竖眉赤蜻。

▶ 竖眉赤蜻褐斑型初熟（雌）。

蜻科。
分布于华北、华中、华东等地的部分地区。

栖息于山林里长有挺水植物的池塘或溪流处。成虫发生期8月下旬至10月上旬。刚羽化的成虫生活山林里，到9月末才飞回水边交配。之后，以雌雄连接的方式产卵。

识别要点：成虫腹长27～29mm，后翅长28～32mm。雌、雄全身金黄色无斑纹。前后翅的金黄色部分都从翅基半部开始，经过翅前缘抵达翅端。

半黄赤蜻

拉丁名：*Sympetrum croceolum*

交配中的半黄赤蜻。

蜻科。

分布于华北、东北等地的部分地区。

栖息于水底有机质沉积较多，长有挺水植物的池塘附近。成虫发生期7～9月。

识别要点：成虫腹长20～24mm，后翅长23～28mm。头部下唇中叶黑色。合胸黄色至黄褐色，侧面有3条黑细纹，第一、第三条黑纹较长，第二条较短，但与第一条相连，第二、第三条相离。雄性的翅透明；雌性的略带淡褐色。腹部橙色。老熟雄性腹部为深红色，第四至七节侧缘有黑斑，第八、第九节侧缘和背面都有黑斑。

名：*Sympetrum depressiusculum*

大陆秋赤蜻

▲大陆秋赤蜻初熟(雄)。

方氏赤蜻

雄虫

正寻找产卵地点的方氏赤蜻。

蜻科。

分布于华北、西南等地的部分地区。

栖息于平原或山间溪流有积水的池塘附近。成虫发生期8～9月。为晚秋时，池塘旁仅有的蜻蜓种类。

识别要点：成虫腹长27～30mm，后翅长28～30mm。老熟雄性头部颜面红色；老熟雌性头部颜面略带红色。合胸黄褐色至红褐色，侧面具有细黑纹。第二黑纹较短，末端尖锐，第二条纹前方和第三条纹后方都有黄白色斑块。翅面基部有金黄琥珀色。雄性腹部红色，雌性腹部黄色，第八、第九腹节的背面和侧面都具有明显黑斑。

拉丁名：*Sympetrum kunckeli*

小黄赤蜻

小黄赤蜻初熟个体。

雌虫

雄虫

蜻科。

分布于华北、华东、华中等地的部分地区。

栖息于水底有机质沉积较多、长有挺水植物的池塘附近。成虫发生期7～9月。初熟或老熟的个体都常隐匿于水旁的草丛中。

识别要点： 成虫腹长22～25mm，翅长24～27mm。雄性颜面黄白色，老熟时转为青白色。雌性头部前额上有两个小黑斑。合胸黄色至黄褐色。合胸脊处有1个三角黑斑，三角黑斑左右各有1条较宽的黑纹与之相离。胸侧面大部分褐色或黄色，不规则的黑纹较多。双翅透明，但老熟雌性双翅基部有金黄色琥珀斑。腹部橙色。老熟雄性为深红色；老熟雌性为深黄色。雌性第三至九腹节侧面具有黑斑。

低斑蜻

蜻科。

分布于华北、华中、华东等地的部分地区。

栖息于挺水植物茂盛的湖泊、水库、沼泽等水域。成虫发生期4月下旬至5月上旬。雄性成虫喜在某一地段往复飞行。

识别要点： 成虫腹长25～30mm，后翅长30～33mm。雌、雄的身体色彩都为黄褐色。合胸覆有较长的绒毛。翅面透明，但双翅的翅基部、中部和靠近翅端部都各有一块显著的褐色斑。腹部背面有明显的黑条纹。

拉丁名：*Pseudothemis zonata*

玉带蜻

雌虫

雄虫

蜻科。

分布于华北、华中、华东、华南、西南、香港及台湾等地的部分地区。

栖息于水底有机质沉积较多的池塘。成虫发生期6～9月。羽化后不久的成虫多于高空来回作滑翔飞行。老熟的雄性停于水边的植物上觅食或求偶。雌虫产卵时，雄虫有护卫的行为。

识别要点： 成虫腹长29～32mm，后翅长37～40mm。雄性颜面黑色；前额黄白色；合胸黑色；合胸脊上方有2条短的黄白色细纹，胸侧面前方有1条较长的黄白色细纹，后方为黄白色；翅基部有黑色斑；腹部黑色，第三至四节黄白色，老熟雄性此处为纯白色。雌性颜面黑色；前额黄灰色；胸部色彩类似雄性；翅基部有黑斑且翅端褐色；腹部黑色，第三至四节大部分黄色，第五至七节侧缘有小黄斑。

蜻科。

广布于我国南北。

栖息于挺水植物较多的池塘、水田或大面积的湖泊、水库等静态水域。成虫的发生期南北方不同，北方为5～10月，南方为2～12月。喜停于一个地点觅食或等待配偶。产卵时雄虫仅围绕雌虫一会儿后便离开，只剩雌虫单独点水产卵。有时雌性会把光亮的草坪误认是水面而产卵于草上。

拉丁名：*Crocothemis servilia*

红蜻

▶ 红蜻初熟个体。

识别要点： 成虫腹长27～32mm，后翅长32～36mm。刚羽化的红蜻，雌、雄个体都为美丽的金黄色，但腹部各节背面中部有很细的黑色条纹。一段时间后，老熟的雄性呈现出红色，翅基部有红色琥珀斑；雌性则为黄色，翅前缘和基部出现淡黄色，且雌性腹背面的细黑色条纹比雄性更加醒目。

飞行中的黄蜻。

蜻科。
广布我国各地。

只要有积水的地方都能发现它们的踪影。在北方，成虫发生期5～9月，在南方为3～12月。一般在8～9月份会出现集体迁移的现象。

识别要点：成虫腹长31～34mm，后翅长40～42mm。头部颜面黄色略带淡红色，复眼上方显4红褐色，下方显青白色。合胸大部分黄色，稍具小黑斑。雄性的翅面透明；雌性的略显淡黄色。腹部第二至五腹节背面有细黑纹，第八至十腹节背面及侧面都有明显的黑斑。老熟雄性腹部有赤化倾向；老熟雌性腹面被有白粉。

黄蜻

拉丁名：*Pantala flavescens*

雌虫

雄虫

▼猎蟏正取食溺死的黄蜻。

蜻科。

分布于华北部分地区及华东东部沿海地区。

栖息于水底有机质沉积较多的池塘、水田等静态水域。成虫发生期6～9月。此种蜻蜓喜群聚于挺水植物上休息，或数只一起在某一地段来回飞行觅食、求偶。

拉丁名：*Deielia phaon*

异色多纹蜻

雄虫

异色多纹蜻褐斑型。

识别要点：成虫腹长25～31mm，后翅长29～35mm。雄性颜面黄色，额上方和头顶瘤突周围为墨绿色有光泽。合胸黄色。老熟雄性淡蓝灰色，合胸脊旁有1对淡黄色条纹，肩条纹黄色扭曲状，胸侧面可见两条较宽的黑条纹，其间常有不规则的黑纹。翅脉黑色。初熟雄性腹部淡黄色，第二至七节的背面中部呈黑色，侧面有1对黑纹，第八至十节黑色；而老熟雄性腹部第一节至第八节的前半部为蓝灰色，第八节后半部分至腹末为黑色。雌性具有3类色型：第一类的色彩如雄性，可称同色型；第二类没有蓝灰色彩且翅脉呈红色，可称异色型；第三类的色彩类似异色型但翅面具有褐斑，可称为褐斑型。

拉丁名：*Epophthalmia elegans*

闪蓝丽大蜻

雌虫

稚虫

伪蜻科。

分布于华北、西南等地的部分地区。

稚虫栖息于平原或低山地区的池塘、水库等静态水域。成虫发生期5～9月。成熟的个体多沿着水边往返飞行。

伪蜻科昆虫身体中至大型，常具金属蓝色或绿色，头部在背面观两眼互相接触一段较长的距离。

识别要点：成虫腹长55～66mm，后翅长约50～55mm。头部颜面为金属蓝黑色，具有黄白色宽纹及黄斑。合胸密布绒毛，具有强烈的青蓝色金属光泽。胸侧面可见3条黄色带，第三条较短。翅面透明，雌性略带烟色。腹部黑色具有黄斑，雄性第二腹节侧面有耳形突。伪蜻科与蜻科的明显区别为：伪蜻头部侧面的弧线有突起，蜻科的则很光圆；此外，伪蜻雄性后翅基部有“臀三角”（由翅脉围成一个三角形的区域）。

拉丁名：*Epitheca marginata*

缘斑毛伪蜻

雄虫

伪蜻科。

分布于华北、东北、华中等地的部分地区。

栖息于平原或丘陵长有挺水植物的池塘或河流处。成虫发生期 4 ~5 月。雄性多于某一特定的水域地段往来飞行；雌性产卵时会停在水边的挺水植物上将卵排出。当形成卵块后，它又飞回水面点水产卵，粘稠的卵块被拖拽成一条卵带浮于水面。

识别要点： 成虫腹长 35~38mm，后翅长约 36mm。颜面密布褐色绒毛，前额上方有 1 蓝黑金属色的条纹，复眼和侧单眼间的瘤突蓝黑色。合胸褐色至淡黄褐色，密布较长的绒毛。合胸脊处有 1 黑色的三角形斑，此斑旁的背条纹黄色，胸侧面可见 2 条明显的黄条纹。雄性腹部第二至八节侧缘有半月形的黄斑；雌性的半月形黄斑可延续至第十节。此外，雌性翅前缘具有黄褐色带状纹的特征，可容易地区分于翅透明的雄性。

伪蜻科。

分布于华北部分地区。

栖息于平原流速缓慢的河流、水渠等地。成虫发生期7月。雄性多沿着水渠堤岸边飞行。

识别要点： 雄性腹长约52mm，后翅长约44mm；雌性腹长约51mm，后翅长约50mm。色彩类似闪蓝丽大蜻，但具有明显区别：头部上唇黑色，基部正中有1枚鲜黄色的圆斑。合胸金蓝绿色，侧面只有2条黄纹且第一黄纹较短。翅面透明，稍染烟色，尖端趋褐色，另外雌性翅基还有琥珀色。腹部黑色有光泽，斑纹黄色，雄性第2腹节的侧面具有耳形突，第十腹节黑色，背面有1对棘突。

北京弓蜻

拉丁名：*Macromia beijingensis*

▼刚刚羽化的北京弓蜻。

七条长尾蟌

雄虫

雌虫

蟌科。

分布于华北部分地区。

栖息于平原的湿地或挺水植物生长茂盛的池塘附近。成虫发生期6～7 月。

蟌科昆虫一般小型，身体细长，体色非常多样化，有红色、黄色、青色等。通常无金属光泽或局部有少量金属光泽。

识别要点：此种为蟌科中体型最大的种类。成虫腹长33～35mm，后翅长25～27mm。雄性呈淡蓝色；雌性呈黄绿色。雌、雄的斑纹没有显著差异，在合胸前方都有7 条黑纹，腹部各节基部背面都有细黑纹。

拉丁名：*Coenagrion lanceolatum*

矛斑蟌

雄虫，胸部下方可见寄蝇的卵。

蟌科。

分布于华北、东北部分地区。

栖息于山地挺水植物生长茂盛的湿地和沼泽旁。成虫发生期6～7月。雌雄连接式产卵。

识别要点： 成虫腹长24～28mm，后翅长18～22mm。雄性头顶有蓝色的单眼后色斑。合胸天蓝色。背条纹、肩条纹都为黑色，腹部黑色，第二至六腹节具有蓝环纹，第八第九腹节蓝色具有小黑斑。雌性黄绿色，胸部的黑纹如同雄性，腹部背面黑色。

拉丁名：*Paracercion hieroglyphicum*

隼尾蟌

蟌科。

分布于华北、华中、华东、西南等地的部分地区及香港地区。

栖息于平原的湿地或挺水植物生长茂盛的池塘附近。成虫发生期6～9月。当雌雄交配后以连接的方式产卵时，雄性可以用腹部支撑着自己立于雌性上方。

识别要点：成虫腹长23～26mm，后翅长15～18mm。雄性头部黑色，头顶有蓝色的单眼后色斑。合胸天蓝色，背条纹黑色，肩条纹黑色但中部有1细蓝纹贯穿其中，胸侧大部分天蓝色。腹部背面黑色，各节端部、侧面都有蓝斑，第八、第九腹节除端后方有小黑斑外其余为蓝色。雌性的黑斑分布类似雄性，其余部分为淡绿色。此外，合胸前方的黑条纹退化，形成了6条极细的黑纹。

拉丁名：*Ischnura asiatica*

东亚异痣蟌

蟌科。

分布于华北、东北、华南等地的部分地区及香港地区。

栖息于挺水植物生长茂盛的池塘、湖泊旁。成虫发生期5～9月，但6月后个体数量逐渐减少。雌性单独把卵产在近水面的植物组织内。

识别要点： 成虫腹长20～23mm，后翅长16～19mm。雄性色彩与长叶异痣蟌类似，但胸前方很细的肩条纹及完全蓝色的第九腹节可与之相区别。刚羽化的雌性为橙色，但背面全黑色的第二腹节可与长叶异痣蟌的“橙色型”相区别。老熟雌性身体黄绿色至黄褐色，合胸前方有1较宽的黑带，腹部背面黑色。

蟌科。

分布于华北、东北等地的部分地区。

栖息于挺水植物生长茂盛的池塘、湖泊、水渠附近。成虫发生期6～9月。雌性单独把卵产在近水面的植物组织内。

识别要点：成虫腹长23～25mm，后翅长18～20mm。头顶有明显的蓝色单眼后色斑。合胸前方黑色，具有1对黄绿色肩条纹，胸侧面青绿色至淡蓝色，斑纹较少。腹部第二腹节背面有金属蓝色光泽，第七、第九腹节下方带有淡蓝色，第八腹节全部为淡蓝色，其余各节背面黑色，侧缘黄色。雌性3类色型：第一类身体黄绿色，胸部黑纹分布与雄性相同，腹部背面黑色，此种可称为“异色型”；第二类身体色泽和斑纹的分布与雄性相差无几，此种可称为“同色型”；第三类胸部侧面全部橙色，此种可称为“橙色型”。

长叶异痣蟌

拉丁名：*Ischnura elegans*

▲长叶异痣蟌橙色型。

▼交配中的长叶异痣蟌。

扇蟌科。
分布于华北、华中、华东等部分地区。

栖息于水旁植被旺盛的池塘、湖泊及水速缓慢的河流附近。成虫发生期7～9月。

识别要点： 成虫腹长30～32mm，后翅长19～21mm。雄性头部黑色具有白色小斑点。合胸黄绿色至白色。胸前方黑色，肩条纹黑色，较细，因此在肩条纹的两旁形成2条下方相连的黄绿条纹。胸后方大部分黄绿色。雄性中、后足胫白色膨大如扇状，雌性足正常。翅面透明，翅痣红色。腹部黑色，第三至七腹节背面基部各具有黄白色斑纹。雌性色泽如同雄性，但初熟的个体身体发红。

白扇蟌

拉丁名：*Platycnemis foliacea*

雄虫

雌虫

扇蟌科昆虫体小型，一般为黑色，上有蓝色、红色或黄色斑块，部分种类的雄虫中、后足胫节膨大成扇形，因此而得名。

拉丁名：*Copera tokyoensis*

日本狭扇蟌

羽化不久的日本狭扇蟌雌虫。

扇蟌科。

分布于华北部分地区。

栖息于水旁植被旺盛的池塘、水田附近。成虫发生期8～9月。

识别要点： 成虫腹长35～37mm，后翅长22～26mm。雄性颜面黄白色，头顶黑色；合胸前方全部黑色；侧面黄白色中部有条黑色斜细纹；中、后足胫白色，稍微膨大；翅面淡烟褐色，翅痣红色；腹部背面黑色，侧缘黄白色，腹末端白色。雌性体色发红；胸部黑纹分布与雄性相似，但侧面中部的黑色斜细纹并不明显，尤其在刚羽化的个体上几乎分辨不出；足红色，正常；翅面烟褐色，翅痣红色；腹黄白色，背面具黑纹。

黑色蟌

拉丁名：*Calopteryx atrata*

色蟌科。

分布于华北、华东、西北、华中等地的部分地区。

栖息于平原或丘陵水生植物茂盛的水渠、水库旁。成虫发生期6～9月。雌性会单独产卵于水生植物的组织内。

识别要点：成虫腹长47～52mm，后翅长42～48mm。虫体头部和胸部有强烈的金属绿色光泽。雌、雄性翅面翅室密集，无翅痣。雄性翅为黑色；雌性为褐色。雄性腹部为金属绿色；雌性为黑褐色，第九、第十腹节背面有很细的黄条纹。

雄虫

色蟌科。

分布于华北、华中、华东、华南、西南等地的部分地区。

栖息于山地林间有洁净溪流的动态水域。成虫发生期5～7月。

蟌与色蟌的区别为：身体修长或较为粗壮，色彩浓并具金属光泽，脉翅上多有色斑的是色蟌；身体纤细柔弱，脉翅透明的则为蟌。

识别要点：成虫腹长32～35mm，翅长42～45mm。身体除合胸后方为黄色外其余部分为金属绿色。老熟雄性合胸前方、后方及腹部都被有白粉。雄性翅面两种色型：翅透明的个体可称为“透明型”；翅面有金黄至黄褐色的个体可称为“橙色型”。翅痣红褐色。雌性翅面透明，翅痣白色。

拉丁名：*Mnais andersoni*

透翅绿色蟌

透顶单脉色蟌

雄虫

交配中的透顶单脉色蟌。

色蟌科。

分布于华北、华东、华南、西南等地的部分地区。

栖息于山间植物丰茂、溪流潺潺的动态水域。成虫发生期6～8月。

色蟌科昆虫体型较大，常具有浓郁的色彩和强烈的金属光泽。翅宽，有黑色、金黄色或深褐色等，翅脉很密。足长，具长刺。

识别要点： 雄性腹长51～55mm，后翅长38～41mm；雌性腹长50～53mm，后翅长43～45mm。虫体头部和胸部有强烈的金属绿色光泽。雄性翅为黑色，基部有蓝色光泽，端部半透明，无翅痣；雌性翅为褐色，有白色的伪翅痣。

拉丁名：*Lestes soponsa*

绿尾丝蟌

丝蟌科。

分布于华北、东北等地的部分地区。

此种为北京的1种新纪录。栖息于挺水植物生长茂盛的湿地周围。成虫发生期为5～10月，但在北京地区数量较少，不常见。繁殖时，雌、雄连接，产卵于水面上的植物组织内。有时连接着的雌、雄会完全潜入水下，将卵产于水面下的植物内。

丝蟌科昆虫身体细长，停息时常双翅平展，并不束于胸背上方，区别于其他束翅亚目种类。

识别要点：成虫腹长27～33mm，后翅长22～25mm。体色主要为金属绿色，翅胸侧面后方为淡黄色。老熟雄性翅胸侧面覆有白色粉末，老熟雌性合胸背面有1对黄色细纹。

斑腿蝗科。又名大青蝗。

分布于东北、华北、华东、西北、华中、华南、西南等地的部分地区。

食性杂。在华南地区1年1代，体大有力。

斑腿蝗科昆虫体型一般较大，头卵圆形。本科是蝗虫中种类最多的1个科，分布于世界各地。

识别要点：成虫体长45～80mm。体青绿色或黄绿色。头大，短于前胸背板的长度。前胸背板明显隆起，呈屋脊状，具粗糙瘤突。后翅与前翅几乎等长，基部红色。

棉蝗

拉丁名：*Chondracris rosea*

棉蝗若虫

▲交配中的棉蝗。

◀棉蝗成虫正面特写。

斑腿蝗科。

分布于东北、华北、西北、华中、华东、华南、西南及香港等地的部分地区。

在北方1年1代。喜在植株上活动，较善飞行和跳跃。主要取食禾本科植物和杂草。

识别要点：成虫体长24～35mm。眼后有黑色带。体色黄绿色、绿色或褐色。膝部褐色。前翅超过后足股节端部。

拉丁名：*Oxya chinensis*

中华稻蝗

▲交配中的中华稻蝗成虫。

◀中华稻蝗红色型成虫。

拉丁名：*Xenocatantops humilis*

短角外斑腿蝗

斑腿蝗科。

分布于华北、西北、华中、华东、华南、西南等地的部分地区。

在北京秋天常见。

短角外斑腿蝗若虫。

识别要点： 成虫体长17～29mm。体黄褐色或暗褐色。后胸前侧片上具淡黄色纵条纹。前翅褐色，密具黑褐色斑点；后翅透明。后足股节外侧黄褐色，具2黑斑。

长翅燕蝗

拉丁名：*Eirenephilus longipennis*

交配中的长翅燕蝗。

斑腿蝗科

分布于东北、华北等地的部分地区。

喜栖于灌木丛中和林中。

识别要点： 成虫体长21～20mm。体黄绿或黄褐色。复眼后具黑色带。前翅淡褐绿色；后翅透明。前胸背板3条横沟明显，切断中隆线。

短星翅蝗

斑腿蝗科。

分布于东北、华北、西北、华东、华中、华南等地的部分地区。

北方山区坡地及平原低洼处常见。为害多种农作物。

识别要点： 成虫体长19～32mm。体褐色。前翅较短，翅上具黑色斑点。后足腿节上侧具黑色横斑，外侧具黑点，内侧红色，后足胫节红色。此种依前胸背板和前翅色泽可分两型：一型前胸背板侧隆线处及前翅臀域具黄褐色纵条纹；另一型不具此条纹。

李氏大足蝗

拉丁名：*Aeropus licenti*

槌角蝗科。

分布于华北、西北、西南等地的部分地区。

取食多种牧草。

槌角蝗科昆虫体小型，触角端部数节明显膨大，形成棒槌状，有时在雌性膨大不明显。部分种类有迁飞习性。

识别要点：成虫体长14～25mm。体黄褐色、褐色或暗色，有时混杂绿色。雄性触角细长，端部明显膨大。雌性触角端部略膨大，前胸背板中部侧观呈弧形隆起。雄性前足胫节膨大，雌性不膨大。

亚洲小车蝗

斑翅蝗科。

分布于华北、西北、华东等地的部分地区。

善于迁飞，有弱趋光性，在我国北方1年1代。取食禾本科植物。

斑翅蝗科昆虫中至大型。前后翅发达，后翅常具斑纹。鼓膜听器发达，发音构造有两种：前翅摩擦后足发音；前后翅摩擦发音。

识别要点：成虫体长18～37mm。前胸背板中隆线较高，有明显的“×”形淡色纹。体黄绿色或暗褐色。前翅基部有大块黑斑，端部具细碎的褐色斑；后翅基部淡黄绿色，中部具暗色横带，横带中部断裂。

黄胫小车蝗

拉丁名：*Oedaleus infernalis*

斑翅蝗科。

分布于东北、华北、华东、西北等地的部分地区。

北方1年2代，有时11月底尚可见成虫。善于跳跃和飞行。主要取食禾本科植物。

▶ 正往土层中产卵的黄胫小车蝗。

识别要点：成虫体长21～39mm。体黄褐色、暗褐色或绿褐色。前胸背板具"X"形纹，在沟后区宽于沟前区。后翅中部有暗色带纹，端部暗色或本色。后足股节下侧红色或黄色。后足胫节红色或黄色。

拉丁名：*Sphingonotus mongolicus*

蒙古束颈蝗

斑翅蝗科。

分布于东北、西北、华南、华北等地的部分地区。

可见于山地或河边。

识别要点：成虫体长17～28mm。体通常黄褐色、灰褐色或暗褐色。前胸背板中隆线低，被3条横沟割断。前翅狭长，后翅基部蓝色，中部具暗色横纹。

▶不同环境下，蒙古束颈蝗成虫色型差异很大。

疣蝗

拉丁名：*Trilophidia annulata*

斑翅蝗科。

分布于东北、华北、西北、华东、华南、西南等地的部分地区。

取食禾本科杂草。

识别要点：成虫体长14～25mm。体褐色、暗褐色或灰褐色。前胸背板中隆线高，被二横沟深切。前翅灰褐色，有暗色横纹；后翅基部黄色，略淡绿，其余烟色。

拉丁名：*Gastrimargus marmoratus*

云斑车蝗

直翅目

斑翅蝗科。

分布于东北、华北、西北、西南、华中、华东、华南等地的部分地区。

丘陵、盆地、山地缓坡、平原等处均可见。为害水稻、小麦、豆类等。

识别要点：成虫体长28～45mm。体绿色、枯草色、黄褐色或暗褐色。颜面近乎垂直。前胸背板中隆线呈片状隆起，侧观上缘呈弧形。前后翅发达，前翅密布暗色云状斑纹；后翅中部具暗褐色轮状宽横纹，端部暗色。

黑翅雏蝗

拉丁名：*Chorthippus aethalinus*

网翅蝗科。

分布于东北、华北、西北等地的部分地区。

可见于北方山地。

识别要点： 成虫体长17～26mm。体暗褐色，前胸背板沿侧隆线具黑纵纹。前后翅黑褐色。后足膝部黑色。腹部腹面通常为黄色至红色。

交配中的黑翅雏蝗。

拉丁名：*Euchorthippus unicolor*

素色异爪蝗

网翅蝗科。
分布于西北、华北、东北等地的部分地区。
为害禾谷类作物及牧草。

网翅蝗科昆虫体小型，头圆锥形，前端背面缺细纵沟，颜面后倾，触角丝状。

识别要点： 成虫体长17～21mm。体黄绿色或褐绿色。颜面向后倾斜。前翅较短，不超过腹部末端，黄色或褐绿色。三对足内侧爪及外侧爪大小不同。

短额负蝗

拉丁名：*Atractomorpha sinensis*

交配中的短额负蝗。

锥头蝗科。

分布于华北、西北、华东、华中、华南、西南及台湾等地的部分地区。

在草丛中常见。

识别要点： 成虫体长19～35mm。体绿色或褐色，后翅基部红色。头顶长度略长于复眼最长径。颜面侧观倾斜。触角粗短。前翅狭长；后翅略短于前翅。

晕头转向的短额负蝗居然找错了交配的地方。

拉丁名：*Acrida cinerea*

中华剑角蝗

剑角蝗科。又名中华蚱蜢。

分布于华北、西北、西南、华东、华中、华南等地的部分地区。

危害水稻、高粱、玉米、禾本科牧草等。常见。

识别要点： 成虫体长30～81mm。体绿色或褐色。头圆锥型，颜面极倾斜。前胸背板宽平。前翅发达，端部尖；后翅淡绿色。

笨蝗

拉丁名：*Haplotropis brunneriana*

交配中的笨蝗。

癞蝗科。又名懒蝗、土地老爷。

分布于华东、西北、华中、华北、东北等地的部分地区。

1年1代。常栖息于干燥的低丘陵山区。遇到危险只是爬动，很少跳跃。

识别要点： 成虫体长28～49mm。体黄褐色、褐色或暗褐色。体粗壮，体表具粗颗粒。前胸背板呈片状隆起。前翅十分短小，呈鳞片状，侧置。前翅顶端刚刚到达或不到达腹部第一节背板后缘。

若虫

露螽科。又名脊露螽。

分布于华北、华东、华中、华南、西南及台湾等地的部分地区。

不善跳跃，能短距离飞行。

露螽科昆虫颜面与身体垂直；前翅翅脉酷似树叶的叶脉；两前翅在身体后方并拢，从上方看成屋脊状；通常后翅长于前翅。

识别要点：成虫体长16～23mm。体绿色，有褐色型。前胸背板缺侧隆线。前翅狭长；后翅长于前翅。前足内外听器均为开放型。雌性产卵瓣侧扁，向上弯曲。

拉丁名：*Ducetia japonica*

日本条螽

雌虫

褐色型日本条螽雄虫。

露螽科。

分布于华北、东北、华中、西北等地的部分地区。

有很好的拟态和保护色，通常伸展开身体静伏在叶片上。

识别要点： 成虫体长17～22mm。体绿色。前足胫节内外侧听器均为封闭型。前翅狭长，横脉排列很规则；后翅长于前翅。雌性产卵瓣侧扁，向上弯曲。

拉丁名：*Kuwayamaea chinensis*

中华桑螽

露螽科。

分布于东北、华北、西北、华中、华东、西南等地的部分地区。

不善跳跃，能短距离飞行。

识别要点： 成虫体长24～28mm。体常为绿色。与日本条螽较相似。前翅较宽大，有时后翅短于前翅。

▲ 正在取食蝗虫的雌性优雅蝈螽。

螽斯科。又名蝈蝈、叫哥哥。

分布于华北、西北、华东等地的部分地区。

优雅蝈螽俗称蝈蝈，在北方山地常能见到。善跳跃，鸣声洪亮，是著名的鸣虫。

螽斯科昆虫身体小至大型，通常较为粗壮。多数种类主要分布在我国北方地区。雄性前翅具有发音器，雌性产卵瓣剑形。

识别要点：成虫体长35～40mm。体色常为绿色或青黑色。前翅较短，雄性前翅仅到达腹部一半处；雌性前翅更短。雌性腹部末端产卵瓣长。

拉丁名：*Gampsocleis gratiosa*

优雅蝈螽

▶ 雄虫正面特写。

▼ 秋末正在鸣叫的深色型雄虫。

暗褐蝈螽

拉丁名：*Gampsocleis sedakovii*

螽斯科。又名长翅蝈蝈。

分布于华北、西北、华东等地的部分地区。

北方山地灌丛或庄稼地比较常见。

识别要点：成虫体长约35mm。与优雅蝈螽体形很相似，但前翅较长，超过腹部长度。

中华尤螽

拉丁名：*Uvarovina chinensis*

雌虫

螽斯科。

分布于华北、华东、东北等地的部分地区。

可见于草丛中。

识别要点： 体小型。体常为褐色。前胸背板近后缘、近下缘有白色。后足细长，股节外侧具黑褐色纹。雌性产卵瓣细长，端部斜截形。

罗氏姬螽

◀正在震动翅膀鸣叫的罗氏姬螽。

螽斯科。

分布于华北、东北、西北等地的部分地区。

可见于干燥和潮湿处的灌木丛中。

识别要点： 成虫体长14～18mm。体绿色或褐色。复眼后具黑色纵带，前胸背板前缘、近下缘和近后缘黄白色。后足股节外侧具暗色纹。有长翅型和短翅型。

拉丁名：*Atlanticus sinensis*

中华寰螽

雄虫

螽斯科。

分布于西北、西南、华北、东北等地的部分地区。

在草丛中或枯枝落叶下可见。

识别要点：成虫体长25~30mm。体暗褐色。前胸背板侧片黑色，近下缘黄色。雄性前翅短；雌性前翅在前胸背板下，不可见。雌性产卵瓣向上弯曲。

雄虫

蛩螽科。

分布于西北、华北、华中、华东、西南等地的部分地区。

成虫喜欢舒展开身体，在叶片上晒太阳。遇到危险会迅速爬到叶背或跳开。

蛩螽科昆虫体型小而纤弱。触角较体长，着生于复眼之间。雄性前翅具有发音器，雌性产卵瓣剑形。

识别要点： 成虫体长11～17mm。体黄褐色或绿色。前翅常为淡褐色。后足膝部黑色。

黑膝剑螽

拉丁名：*Xiphidiopsis geniculata*

雌虫

若虫

雌虫

树蟋科。又名竹蛉。

分布于东北、华北、西北、华东、华中、华南、西南等地的部分地区。

长瓣树蟋很少跳跃。雄虫鸣叫，鸣叫时两前翅竖立。雌虫与雄虫交配时常会取食雄虫前胸背板下分泌的液体。

树蟋科昆虫体型纤细，通常后翅发达，因其多栖息于较高的植物上，故而得名。产卵瓣较长，矛状，卵多产于细小的枝条上。很多种类是我国著名鸣虫。

识别要点：成虫体长12～14mm。体淡黄色或淡绿色，腹面通常为黑褐色。体细长，口器前口式。雄性前翅几乎透明，扁平、较宽大。

长瓣树蟋

拉丁名：*Oecanthus longicauda*

棕色型长瓣树蟋雄虫。

▼ 雌虫正在取食雄虫的分泌物。

日本钟蟋

钟蟋科。又名金钟、马蛉。

分布于华北、华东、华中、华南及台湾等地的部分地区。

日本钟蟋喜栖于阴暗潮湿处。是著名的鸣虫。

识别要点： 成虫体长12～15mm。体常为黑色，扁平。触角第一、第二节黑色，余为白色。雄性前翅宽大，镜膜大。雌性产卵瓣细长。

拉丁名：*Teleogryllus emma*

黄脸油葫芦

▶黄脸油葫芦头部特写。

雌虫

蟋蟀科。

分布于华北、西北、华东、华中、华南、西南及香港等地的部分地区。

常栖于地表杂草、砖石等之中，喜夜间活动。

识别要点： 成虫体长14～25mm。体褐色。头部沿复眼内缘具明显的淡色眉状纹，颜面和颊黄色，是有名的鸣虫。

东方蝼蛄

▲ 爬到地面的东方蝼蛄。

又名拉拉蛄。蝼蛄科。

分布于东北、华北、西北、华东、华中、华南、西南等地的部分地区。

是一种行动非常敏捷的地下害虫，咬食植物幼根嫩茎。成虫有较强的趋光性。

识别要点： 成虫体长25～35mm。体褐色或灰褐色。前胸背板卵圆形。前足为挖掘足。后足胫节背面内缘具3～4枚背距。

在地下挖掘隧道的东方蝼蛄。

弯角蝽

拉丁名：*Lelia decempunctata*

蝽科。

分布于我国大部分地区。

寄主为葡萄、核桃楸、榆、杨等。以成虫在石块或土缝中越冬。产卵成块，卵块六边形。

蝽科昆虫体中至大型，卵圆或椭圆形，头多呈三角形。多数种类吸食植物汁液，少数种类具捕食性。

识别要点： 体长16～22mm。体宽大，椭圆形。全身黄褐色。前胸背板中央有一横列4个小黑圆斑。小盾片基部中央有4个，中部有2个小黑圆斑。触角末两节黑色。

拉丁名：*Eurydema gebleri*

横纹菜蝽

蝽科。

分布于我国除华南以外的大部分地区。

本种主要危害十字花科蔬菜以及油料作物。以成虫在菜地附近或土洞中越冬。

识别要点： 体长6~9mm。体椭圆形。身体黄色至红色，具黑斑。头部蓝黑色略带闪光。前胸背板有4个大黑斑，中央有1隆起的黄色十字形纹。小盾片黑色，上有黄色“丫”形纹。前翅末端有1条横长的黄色斑。

菜蝽

蝽科。

分布于我国大部分地区。

北京地区1年2代。以成虫在石块、落叶下越冬。3月下旬开始活动，主要为害十字花科蔬菜。

识别要点： 体长6～9mm。体椭圆形。身体橙黄至橙红色。头部黑色，侧缘橙红色。触角全黑。前胸背板有6块黑斑。小盾片上有3块黑斑。前翅有3块黑斑，其中1块极大。

蠋蝽

拉丁名：*Arma chinensis*

▲正在捕食杨二尾舟蛾幼虫的蠋蝽若虫。

蝽科。
分布于我国大部分地区。

以成虫在地面落叶层、土块及石缝中越冬。4月开始活动。成虫爬行力强，有趋光习性。成虫、若虫均为捕食性，最喜猎食鳞翅目和同翅目的成、幼虫，为重要的捕食性昆虫。

识别要点：体长11.5~14.5。身体黄褐至黑褐色，腹面色较淡。触角5节，第三、第四节为黑色。小盾片两顶角各有1黄色斑。各足胫节部分灰白色。

金绿真蝽

蝽科。

分布于华北、东北等地区。

末龄若虫5～6月出现，成虫发生期6～8月。生活于山地林区，取食榆、柳、侧柏等。

识别要点： 成虫体长17～21mm，宽11～13mm。体色大部分为金绿色。触角黑色。前胸背板前侧缘和后缘具宽阔紫黑边，侧角扁阔、上翘。小盾片金绿色的中部周围为紫黑色。前翅革质部分金绿色；膜质部分褐色。足黄褐色，各足胫节被有黄色短毛。

麻皮蝽

拉丁名：*Erthesina fullo*

蝽科。

分布广泛，北起东北、华北地区，西至西北、西南地区，南迄华南地区，东达沿海各地及台湾均可见。

若虫常于果树果实、嫩叶和嫩茎上吸食汁液。初孵若虫常群集于叶背，到2、3龄后才分散活动。

识别要点： 成虫体长21～24mm，较宽大，黑色，密布黑刻点和不规则细黄斑。头部狭长，前端至小盾片中央有明显的黄细纵线1条，前胸背板前缘和前侧缘有黄色窄边。胸部腹板黄白色，密布黑刻点。

红足真蝽

蝽科。

分布于华北、东北等地区。

成虫和若虫常群集于果树上吸食汁液，6～8月发生。

识别要点： 成虫体长16～17mm，宽约9mm。体椭圆形。体色深紫黑色，密布黑刻点，略有光泽。前胸背板侧角扁阔，黑色，向外突出，稍向上翘，末端呈棱角状弯曲。小盾片发达，末端黄褐色。足深红色；爪黑褐色。

拉丁名：*Graphosoma rubrolineata*

赤条蝽

蝽科。

分布于广布全国各地。

寄主为榆、栎。以成虫在草丛、落叶或土块下过冬。

▶ 群集吸食的赤条蝽。

识别要点：成虫体长9~13mm。体橙红色，有黑条纵贯，头部2条，前胸背板6条，小盾片4条。体表粗糙而密布细密刻点和白色短绒毛。

红脊长蝽

早春群集的红脊长蝽。

长蝽科。

分布于华北、华中、华南等地的部分地区。

成虫一般上午10时前和下午17时后群集取食花蜜或植物汁液，其它时间则躲于叶背面、石块下或土缝中。

识别要点：成虫体长8～11mm，宽3～4mm。体长椭圆形。身体红色具有黑斑。头、触角、足黑色；前胸背板红色，具有2个大黑斑；小盾片三角形，黑色；左右前翅革质部分中央各有1黑斑，膜质部分黑色，基部近小盾片处有1白斑，外缘有白色光泽。若虫身体橘红色，腹部背面大部分黑色，翅芽黑色。

拉丁名：*Lygaeus equestris*

横带红长蝽

长蝽科。

分布于华北、东北及西北部分地区。

成虫有群集性，主要以十字花科植物为食。

长蝽科昆虫体微小至中型。体形多样，多为椭圆形。色灰暗，但少数类群鲜红色有大黑斑。

识别要点： 成虫体长12～13mm，体宽约2mm。体长椭圆形。身体红色具有黑斑。头前方红色，触角黑色；黑色的小盾片上有显著的“T” 型脊；黑色的膜质上有1明显的白色圆斑；足黑色。

猎蝽科。

分布于华北地区。

多生活于山区的植物上，喜在花序或树梢周围伏击其它弱小动物为食。成虫发生期8～10月。

猎蝽科昆虫体型一般为长椭圆形，少数种类体细长。多数为捕食性种类，有些种类吸食脊椎动物的血液。

识别要点：雄性成虫长约9mm，腹部宽约3mm，比雌虫略短，较窄，棕色的外缘具有白斑。雌性成虫长约11mm，腹部宽约5mm，腹部卵圆形，草绿色，外缘大部分显露于前翅之外。雌、雄虫的共同点在于：头部由侧面观长大于高；眼及单眼红色；触角红棕色；前胸背板的侧角向侧方突起；翅棕褐色；前足似螳螂的捕捉足。

拉丁名：*Cnizocoris sinensis*

中国螳瘤蝽

◀捕食食蚜蝇的中国螳瘤蝽雌虫。

黑红赤猎蝽

猎蝽科。

分布于我国中、东部地区。

捕食小型节肢动物。

识别要点： 体长10～8～12.3mm。身体大部分红色、光亮。头、足、小盾片、身体腹面、前翅基部和端部褐色至黑色。本种色斑变化较大，图中的为普通型个体。

拉丁名：*Acanthaspis cincticrus*

淡带荆猎蝽

猎蝽科。

分布于我国大部分地区。

本种若虫有把取食剩下的蚂蚁及其他小型节肢动物背负在身上的行为。

识别要点： 体长13～17.3mm。体色黑褐至黑色。足、腹部侧缘有黑白交替的斑纹。前翅有一条白色至黄白色斜带。身体腹面有长短不一的闪光毛。

用吃剩下的昆虫空壳把自己伪装成“垃圾”的淡带荆猎蝽若虫。

金绿宽盾蝽

拉丁名：*Poecilocoris lewisi*

盾蝽科。

分布于我国除西南外的大部分地区。

盾蝽科昆虫多数种类体色非常艳丽，并且具有金属光泽和花纹。

▼群集的若虫。

识别要点：体长13.5～15.5mm。体宽卵圆形。体色金绿色。前胸背板及前翅上有红至粉红色斑纹。触角蓝黑色。足及身体腹面黄色。盾蝽科昆虫最显著的特点就是小盾片极度发达，几乎覆盖整个腹部，常被误认为是小甲虫。

拉丁名：*Aradus bergrothianusm*

伯扁蝽

▲ **交配中的伯扁蝽。**

扁蝽科。

分布于我国华北、东北部分地区。

扁蝽科昆虫体小至中型。身体十分扁平，褐或黑色，多无翅种类。背面常有各式瘤突或皱纹等。多生活于腐烂的倒木树皮下，常成群聚居，以细长的口针吸食腐木中的真菌菌丝。

识别要点：体长6~9.5mm。身体极扁，黑色至黑褐色。小盾片五边形。前胸背板侧缘强烈突出，腹部边缘呈波浪状。

拉丁名：*Nepa chinensis*

卵圆蝎蝽

蝎蝽科。

分布于我国东部地区。

成、若虫均在水中生活。若虫捕食水中的小型节肢、软体动物。对于蚊子幼虫孑孓有一定控制作用。

正在水中交配。

识别要点： 体长35～40mm。体型扁平，深褐色。头小，复眼黑色、球形、突出。前足为捕捉足。腹部腹面中央隆起，腹末有细长呼吸管，长约38mm。

华螳蠍蝽

拉丁名：*Ranatra chinensis*

蠍蝽科。

分布于我国东部大部分地区。

生活在河流、湖泊、水田等潜水域的底层，常在水草丛中游划。

识别要点： 体长40～49mm。长杆形，褐色。复眼黑色，圆球形。前胸细长，中后胸较宽大。前足捕捉足，中后足为步行足。腹部细长，末端有呼吸管，长约50mm。

若虫

正在捕鱼的华螳蠍蝽。

负子蝽

背负卵块的雄性负子蝽。

负子蝽科。
分布于我国东部地区。

负子蝽科昆虫若虫和成虫都有很强的捕食能力。有些种类的雄虫有负卵的习性，雌虫把卵产在雄虫的背上，并分泌一种胶质黏着。

识别要点： 体长15～16mm。体卵形，褐色。背面平坦，腹面稍突出。头部尖，复眼黑色。高度适应水生生活，身体呈流线型，前足特化为捕捉足，中、后足有游泳毛。腹部末端呼吸管较短。

点盲蝽

拉丁名：*Adelphocoris* sp.

盲蝽科。

分布于华北、东北等地区及华中、华东等地的部分地区。

取食植物汁液。成虫喜栖息于开放的花朵中，夜间及早晨气温低时潜伏于叶下或灌木下部不太活动。

盲蝽科昆虫体小至中型，体形多样。身体相对柔软，足常易断落。除树盲蝽亚科外均无单眼。

识别要点： 成虫体小。身体粉绿色。无单眼。喙4节。触角4节。小盾片黄绿色，与前翅黄绿色的三角斑合成3个鲜艳的斑点。前翅后方黑色。足赤红色，跗节黑色。

娇异蝽

拉丁名：*Urostylis* sp.

异蝽科。

多分布于亚热带和温带地区。

植食性，栖息于树木上，以乔木为主。成、若虫以小群集于嫩芽、嫩叶上吸食汁液。

异蝽科昆虫体中型，椭圆形，常较扁平。身体质地相对较弱，足和触角细长。底色多为绿色和褐色。

识别要点： 成虫体长11mm左右。体长椭圆形。体色多绿色。背腹略扁平。前胸背板约与腹部等宽。单眼退化为新月形。雄虫触角细长，往往超过体长。

拉丁名：*Urochela quadrinotata*

红足壮异蝽

正在榆树上产卵的红足壮异蝽。

群集交配的红足壮异蝽。

异蝽科。

分布于东北、华北等地。

寄主主要为榆，以成虫在石块或土缝中越冬。

识别要点： 成虫体长15mm左右。背部扁平，赭色略带红色。头、胸部和身体腹面土黄或浅赭色。头小。触角长。头、触角基后方中央有横皱纹。翅革质部发达，上有黑斑2个。足红褐色。

拉丁名：*Riptortus pedestris*

点蜂缘蝽

缘蝽科。

分布于华北、东北、华中、华东、华南、西南等地的部分地区。

成虫善于飞翔和疾行，但早、晚及气温低时行动迟缓。本科种类为植食性。本种主要取食豆类植物。

缘蝽科种类体型多变，通常前胸背板呈梯形，体狭长。有些种类前胸背板的侧角扩展为很奇特的形状，后足腿节粗大。

识别要点： 成虫体长15～17mm。黄棕色至黑褐色。体型狭长，头较短，略呈三角形，稍向下倾斜。前胸背板向下倾斜，前缘微向上翘起呈领状，侧角末端有刺状突起。后足腿节腹面有3～4个刺棘。

尖同蝽

拉丁名：*Cyphostethus* sp.

同蝽科。

分布于华北、华东等地的部分地区。

生活于山林间，取食侧柏。

同蝽科昆虫体中型，椭圆形，绿色或褐色，常有红色等鲜艳的斑纹。栖息于灌木或乔木上，喜食果实。有许多种类的雌虫具有保护卵块和初孵若虫的护幼行为。

识别要点： 此属种类成虫体长10mm左右，呈窄椭圆形，黄褐色有绿色光泽。头较长而尖，三角形。触角第1节接近头前端。前胸背板侧角不显著延伸。

鸣鸣蝉

▲ 被中华大刀螳捕食的鸣鸣蝉，其身上尚可见寄蛾幼虫。

蝉科。

分布于我国北方地区。

山区有很大的种群数量，7 月末至9 月末可见成虫。其叫声洪亮，如min—min—min 般，有时会出现集体合唱。

蝉科昆虫体中至大型，就是人们常说的“知了”。雄虫多有发音器，能发出很响亮的声音。若虫生活于地下，刺吸植物根部汁液。若虫被真菌寄生形成“蝉花”，可入中药。

识别要点： 体中等大小，粗壮。胸部背面黑色有明显的绿色斑纹。胸背面有明显的4 个大斑，其两侧各有1 个小斑。翅透明，中部具有淡褐色块斑。腹部常被有白蜡粉。雄虫腹面的腹瓣发达。

蟪蛄

拉丁名：*Platypleura kaempferi*

正求偶的蟪蛄。

蝉科。

分布于遍布我国东部、南部各地区。

成虫从6月末开始鸣叫，可持续到9月。而一天中的鸣叫从清晨开始直至傍晚停歇。鸣叫声如qi—tuo—ka—ji；被捕捉到时则发出chi—a—chi—a的短促声。

识别要点： 体较小，成虫体长35～38mm。较扁平。胸背面有1"W"型黄褐纹。翅上有暗褐色斑纹。足黄黑相间，较粗壮。腹部黑色，被有金黄色绒毛。

蜡蝉科。

分布于华北、华中、华东、西南、华南等地的部分地区。

每年发生一代，以卵越冬。若虫4月中旬出现，6月中旬羽化为成虫。8月中旬成虫开始交配产卵，直至10月下旬逐渐消亡。主要寄主是臭椿，其次为香椿、大豆、刺槐、榆、柳等植物。

蜡蝉科昆虫体中到大型，美丽而奇特。头大多圆形，有些具大型头突，直或弯曲。

识别要点： 成虫体长15～17mm，翅展39～53mm。头略突出，突出部分很短，并向上卷折。头胸背面褚褐色，有些个体被有蓝色蜡质。前翅淡褐色，散布20余个黑色斑点；后翅近基部1/2处红色，有黑色斑点6～10个。足黑色，后足着生刺棘。腹部常有白色蜡粉。低龄若虫体小，站立如青蛙的姿态，身体黑色有白色斑点；末龄若虫红色间杂黑白斑点。

斑衣蜡蝉

拉丁名：*Lycorma delictula*

斑衣蜡蝉正面特写。

▲ 斑衣蜡蝉受到惊吓后会打开翅膀露出鲜艳的警戒色，并且有时会假死。

左侧为被分泌物覆盖的斑衣蜡蝉卵块，右侧是孵出后的空卵壳。

▼ 斑衣蜡蝉不同龄期若虫。

东北丽蜡蝉

蜡蝉科。

分布于华北、东北等地的部分地区。

生活于山区林间，有趋光性。

识别要点： 成虫体长10mm，翅展33mm。头、胸青灰色，略有粉红光泽，散布大小不等的黑色斑点。翅展时可见前翅近基部1/3处米黄色，间杂不规则小褐斑。该区外侧有1大型褐色斜纹斑；后翅基部1/2橘红色，后部边缘烟褐色。足黑色，腿节和胫节常有土黄色的斑点和环带；后足胫节外侧有5个刺。

拉丁名：*Diostrombus politus*

红袖蜡蝉

袖蜡蝉科。

分布于我国东北至华南的大部分地区。

主要刺吸水稻等禾本科植物及柑橘的汁液。

袖蜡蝉科昆虫体中小型，有些外形很像蚜虫。头通常小而极狭，多数种类翅膀很长。

识别要点： 体长4mm。头、腹部金红色，前胸背板两侧和后缘黄色，复眼青褐色。前翅淡黄色，透明，翅脉黄褐色。后翅极小，不到前翅的1/3，淡黄色，半透明。

甘蔗长袖蜡蝉

拉丁名：*Zoraida pterophoroides*

袖蜡蝉科。

分布于我国华北，华东等地区。

喜欢倒挂在植物叶片下，善跳跃。

识别要点：体长5.5mm，翅展27mm左右．头胸部灰褐色，腹部褐色，其基部色淡．前翅淡褐色，半透明，前缘有一褐

拉丁名：*Euricania clara*

透明疏广翅蜡蝉

广翅蜡蝉科。

分布于我国东部大部分地区。

寄主为刺槐、桑、茶。在北京桑科植物上非常常见，经常有集群行为。

广翅蜡蝉科昆虫体中至大型，前翅宽大呈三角形，形似蛾类，静止时翅膀覆于体背成屋脊状。

识别要点： 体长5～6mm。除唇基、喙、腹基部黄褐色外，身体其余部分均为栗褐色，中胸盾片颜色最深。翅脉褐色，前缘有宽的褐色带。

成虫和若虫。

拉丁名：*Orthopagus splendens* 丽象蜡蝉

象蜡蝉科。

分布于我国东部大部分地区。

寄主为水稻、甘蔗、柑橘、桑等植物。在北京常见于桑科植物上。

识别要点： 体长10mm。体黄褐色，有黑褐色斑点。头略向前突出。腹部散布黑褐色斑点，其末端黑褐色。前翅外缘有1宽镰刀形褐色大斑；后翅外缘有一褐色条纹。

拉丁名：*Dictyophara patruelis*

伯瑞象蜡蝉

象蜡蝉科。

分布于北京，广东，黑龙江，湖北，吉林，江苏，辽宁，山东，浙江，云南。

吸食水稻、甘蔗、桑、苹果等植物的汁液。

象蜡蝉科昆虫体多中等大小。头多明显延长成锥状或圆柱状，复眼圆球形，触角小。多数种类主要生活在潮湿的草地上刺吸草本植物的汁液。

识别要点：成虫体长8~11mm，翅展18~22mm。身体大部分绿色。头明显向前突出，略呈长圆柱形，前端稍狭，顶长约与头胸之和相等。胸部背面侧面都有橙色条纹。翅透明，翅痣褐色。腹部背面暗色，侧面及腹面绿色。

叶蝉科。

广布于我国各地。

北方年生3代，以卵在树干或嫩枝皮层内越冬。初孵幼虫群集取食，2～3龄后开始分散，爬行灵活，能横行。成虫趋光性强，善跳跃，遇惊扰会快速飞逃；取食多种农作物和果树。

叶蝉科昆虫体圆筒形，单眼位于头冠中央或后部。成、若虫均刺吸植物汁液，许多种类还能传播植物病毒。

识别要点：成虫体长约8mm。身体绿色。翅末端透明，被有蜡粉。头顶上方有两个黑斑。后足刚毛明显。

大青叶蝉

拉丁名：*Cicadella viridis*

▼大青叶蝉在吸食植物汁液后，会排出多余的水分。

▼群集的大青叶蝉。

蜂虻

悬飞在丁香花丛中的蜂虻。

蜂虻科。
分布于华北部分地区。

早春出现，多在花上吸蜜或停息地面，或悬于空中。

识别要点：体粗短，满身绒毛而似熊蜂。翅透明或具褐斑。喙很长而直。

姬蜂虻

拉丁名：*Cephenius* sp.

蜂虻科。

分布于华北部分地区。

成虫多于中午时分访花。

交配中的姬蜂虻。

识别要点：体细长而光裸，长约22mm，类似姬蜂。头部近半球形。胸部隆起有黑黄相间的条纹。足黄色，后足极长，常垂吊着。

拉丁名：*Villa* sp.

绒蜂虻

蜂虻科。

分布于华北部分地区。

幼虫寄生蛾类与甲虫类。成虫吸食花蜜。

识别要点：喙短，头小。翅带烟色，前缘有黑褐色带纹。胸腹都被有细绒毛，腹背有1黄色横带。

拉丁名：*Sphaerophoria sp.*

细腹食蚜蝇

食蚜蝇科。
多见于我国北部与西南部。

幼虫捕食蚜虫。成虫晚春才出现，喜访花。

识别要点：体细长小型。胸部背面中胸盾片有黑亮的金属光泽，侧缘的黄纹与黄色的小盾片相连。腹背面有黑黄环带纹。

拟蜂食蚜蝇

食蚜蝇科。

分布于我国北方及西南地区。

成虫喜访花。

识别要点：头宽于胸。翅茶褐色。足粗壮，后足胫节略弯曲。腹部背面的斑纹类似胡蜂。

灰带管食蚜蝇

拉丁名：*Eristalis cerealis*

食蚜蝇科。

遍布我国大部分地区。

成虫3～10月发生，喜访花。

识别要点：成虫体长11～13mm。头大。复眼褐色。黑色被毛的胸背前方及后方各有1条宽的黑粉横带。腹部基部的黑纹为“工”字形。

羽芒宽盾食蚜蝇

食蚜蝇科。

分布于华北、华东、华中、东北、西南等地的部分地区。

成虫喜食花蜜。

识别要点：头胸黑色，密布绒毛。腹部背面基部有1黄色宽横带。翅基部和中部各有1黑纹。

中华盗虻

拉丁名：*Cophinopoda chinensis*

正捕食的中华盗虻。

食虫虻科。

分布于华北部分地区。

常于干燥的山林间捕食其它昆虫。

食虫虻科

◀交配中的中华盗虻。

识别要点：身体细长，被有黄粉。从某个角度看，活体的复眼侧闪现出青绿色的光泽。足的胫节黄色至赤黄色，爪黄色，其余黑色。

球狂蝇

狂蝇科。

分布于华北部分地区。

主要寄主为蝽类。1年1代。

识别要点： 本属种类体小型，通常具短而稀疏的淡色毛。颜前有个如鼻状的小突起。腹部略圆球形，黄色，中央具有黑纹。后足长度短于腹长。

黄虻

拉丁名：*Atylotus* sp.

正在吸血的黄虻雌虫。

虻科。

多见于我国北方。

栖息于田野、牧场和池塘岸边。时常攻击人类，吸血。

识别要点： 体中型，浅灰或黄褐至黄色种。雌性复眼分离；雄性相连接。雌性复眼具绒毛，无单眼瘤。触角黄色。额前有两个黑色突起小，略为圆形，彼此分离。翅透明。

拉丁名：*Nephrotoma appendiculata*

斑大蚊

大蚊科。

广布于我国各地。

大蚊科是双翅目昆虫中最原始也是最大的一科，全世界已定名的种类约有1.5万余种。

大蚊科的昆虫与蚊子有很大不同。它们不具有刺吸式的口喙，不会叮人吸血，也不进食，最多吸点水分，主要活动就是求偶、进行交配，完成生殖任务，成虫大约只能活十来天。交配后产卵在土中。大多数种类的幼虫取食腐植质，极少数是捕食性或植食性的。

识别要点：体长16～26mm，翅展38～46mm。为体型巨大的蚊类。一般雄小雌大。双翅半透明，有光泽。身体黄色，有黑斑。足极长，易断。

拉丁名：*Aedes albopictus*

白纹伊蚊

正在吸血的白纹伊蚊。

蚊科。

分布于华北、华中等地的部分地区。

幼虫主要孳生在郊外的树洞、石穴及市内水坑、垃圾容器的积水中。白昼时成蚊在阴凉处或孳生地附近活动，雌蚊喜吸哺乳动物的血液。雌蚊产的卵单个散开沉于水底。幼虫在水底活动，有时也会浮于水面呼吸空气。能传播登革热等疾病。

识别要点：体长约4mm。通腹部为黑白相间的带纹。翅深褐色。

正在吸血的淡色库蚊。

蚊科。

分布于除高原区外的我国各地。

雌蚊产的卵聚集成块浮于水面。是传播丝虫病的主要媒介。幼虫常孳生于住宅附近污染的水体中。幼虫在水中时头朝下，腹朝上。多在水体上层活动，受打扰时则迅速向下游动。

识别要点： 成虫体长约5mm，翅长约4mm。体淡棕褐色，腹部背面黑色。第二至七节前部有黄白色带纹。雌蚊触角无毛簇，而雄蚊具有。幼虫棍棒型，头部较宽，略呈方形，全身被有小刺和纤毛。蛹如“g”型，灰色至黑褐色。

拉丁名：*Culex pipiens*

淡色库蚊

幼虫

蛹

雌性成虫喜吸哺乳动物的血液。白天栖息于原野，黄昏开始活动。当停止时，身体与支撑平面的夹角小于45度。

▲ 正放牧蚜虫的日本弓背蚁。

蚁科。

分布范围极广，我国全境均有分布。

在地下筑巢，巢位于稀林地、林缘、路边及林间空地。每巢有巢口2～5个，巢周围一般有扇形堆积的土粒，巢深0.36～1.40米。食物为小昆虫、蜜露和植物分泌物，对马尾松毛虫有较强的捕食能力。

识别要点：大型工蚁体长12.3～13.8mm。头大，上颚5齿，通体黑色，极个别个体颊前部、唇基、上颚和足红褐色。中、小型工蚁体长7.4～10.88mm（大、小是雌雄的区别吗）。头较小，长大于宽。

日本弓背蚁

拉丁名：*Camponotus japionicus*

▲ 正在吸食蚜虫蜜露的日本弓背蚁。

▶ 日本弓背蚁的繁殖蚁。

广布弓背蚁

拉丁名：*Camponotus herculeanus*

正分割食物的广布弓背蚁。

蚁科。

分布于华北、西南、西北等地的部分地区。

广布弓背蚁通常在伐桩或朽木上筑巢。习性和日本弓背蚁十分相似，在分布上也相互重叠，并更趋向高纬度和高海拔地区。

识别要点：大型工蚁体长10.2～12.6mm。头与后腹部黑色。并腹胸和足或多或少红色，有的个体并腹胸和足黑色，但至少结节红色。毛被似日本弓背蚁，后腹部柔毛稀短。身体刻点比日本弓背蚁更细小。后腹部比日本弓背蚁更光亮。中、小型工蚁体长7～11.2mm。头较小，侧缘平行，后头缘平直。触角柄节1/3长超出后头缘。其余同大型工蚁。

拉丁名：*Formica fusca*

丝光褐林蚁

正捕食毛虫的丝光褐林蚁。

蚁科。

分布于华北、东北、华中、华东等地的部分地区。

该蚁筑巢于灌木林或林地边缘的石下、树桩中。常捕食小昆虫，但也取食花蜜和蚜虫的蜜露。

识别要点：工蚁体长4～7mm。头、胸、足及触角淡栗褐色。腹部暗褐红色。体表被丝状闪光绒毛。复眼大而凸。触角较长。腹部粗大。

黄毛蚁

正运送幼虫的黄毛蚁。

石块下的黄毛蚁巢口。

蚁科。

分布于华北、东北、西北、华南等地的部分地区。

黄毛蚁在草地或林地边缘生活，营造小蚁冢。在多石地区也在石块下居住；有时也见在伐桩上营巢。种群由 1 个蚁后或多个蚁后繁殖而成。工蚁大小相差很大。

识别要点： 工蚁体长2.2~4.8mm。浅黄色至褐黄色。全身有丰富的柔毛被，头部较稀疏；并腹胸和后腹背面具长立毛；足胫节、触角鞭节、颊部无立毛。唇基具明显的中脊。小型工蚁唇基不明显。结节顶端前面观浅凹或平。

上海青蜂

拉丁名：*Chrysis shanghaiensis*

青蜂科。

分布于华北部分地区。

成虫食花蜜。幼虫寄生于黄刺蛾茧内的幼虫体中。

识别要点：成虫体长9~11mm。雌虫体黑色，有绿、紫、蓝色金属光泽，腹面蓝绿色。足有绿色金属光泽，但跗节黄褐色。产卵管伸出部分黄褐色。雄虫腹部大部分呈紫蓝色，没有产卵管。

胡蜂科。

分布于华北、华东、华南、西北、西南等地的部分地区。

胡蜂科的昆虫俗称马蜂或黄蜂等。它们都是肉食性捕食动物，主要食物为其他昆虫。胡蜂也像蜜蜂一样是一种社会性昆虫。

▲ 黑盾胡蜂的巢通常筑在岩壁下。

识别要点：体长21～24mm。胸部背面黑色，侧缘黄色带纹较宽，后端有两个大黄斑。足全为黄色。腹部黄色具有较窄的黑带纹。

拉丁名：*Vespa bicolor*

黑盾胡蜂

▶黑盾胡蜂捕食鳞翅目昆虫，图为黑盾胡蜂正将捕获的其他昆虫做成肉球，准备带回巢中饲喂幼虫。

侧异胡蜂

拉丁名：*Parapolybia* sp.

胡蜂科。

多分布于全年温暖的地区。

侧异胡蜂常筑巢于树干、树枝或地表土洞内。捕食鳞翅目幼虫。

识别要点： 体细长，中型。体色多为黄色而杂有褐斑。正面观头宽于长。胸部近圆柱形，端部变细。足细长。腹部第一节细长，第二节较肥胖，且之后不突然缢缩。

拉丁名：*Polistes antennalis*

角马蜂

正修补蜂巢的角马蜂。

胡蜂科。

分布于华北、西北、华东、东北等地的部分地区。

角马蜂常筑巢于乡村屋檐下，单只或数只活动。

识别要点： 体长约12～15mm。头部宽于胸部。胸背前方边缘有黄色细纹；接近胸后方处前后各有对称的2个三角黄斑；并胸腹节斜向下方，中央有沟，沟两侧有1对纵黄纹，两侧各有1黄色短纵斑。腹部黑色，具黄纹，但第一腹节背中线有1黑纹，其余黄色；第二腹节的背面有2个大黄斑。

▶ **正吸食树汁的澳门马蜂。**

胡蜂科。

分布于华北、华南等地的部分地区。

多于树木茂盛的林中活动。

识别要点： 体长约22mm。腹部第一节前方圆锥状而非胡蜂类的垂直平截状。胸部背面有两条黄色不连接的纵纹，基部侧缘的黄纹较宽。前足腿节端半部及胫节、跗节为黄色，其余为黑色。腹部大部分黄色，背面侧缘左右可见对称的8个三角带纹，第一节端部边缘左右各有1橙黄色带纹，其余黑色。

澳门马蜂

拉丁名：*Polistes macaensis*

▲ 挂在酸枣树上的澳门马蜂巢。

◀ 澳门马蜂正在把猎物做成肉球准备带走。

▲停在叶片上休息的柞蚕马蜂。

▶群集在曼陀罗果实上躲雨的柞蚕马蜂。

膜翅目

胡蜂科。

分布于华北、东北、华南、西北等地的部分地区。

生活于树林间，捕食经济昆虫柞蚕的幼虫，对柞蚕业有危害。

识别要点：体长约16mm。胸部的黑纹较细，腹部各节都有黄纹，但第二腹节的黄纹断裂不呈带状，形成2个长形的黄斑。

拉丁名：*Polistes gallicus*

柞蚕马蜂

▲守护蜂巢的柞蚕马蜂。

▼正在吸水的柞蚕马蜂。

蜜蜂科。
遍布全球。

采食多种蜜源植物。具有强烈的社会性。

识别要点：工蜂体长12～13mm。头胸灰黑色，腹部黄色具有黑带纹，全身被有浅黄绒毛，后翅中央的翅脉末端不分叉。

意大利蜜蜂

拉丁名：*Apis mellifera*

▲休息的意大利蜜蜂。

◀正在被捕食的意大利蜜蜂。

螳科。

从辽宁以南(包括辽宁)的东部大部分地区到台湾，以及西南部分地区都有分布。

▼雌性褐色型中华大刀螳正捕食蝗虫。

栖息生境十分多样，在城市园林、农田、果园、菜地、苇塘等地都甚为常见。喜在较低处活动，平时静伏不动，伺机捕食走至跟前的猎物。性凶猛，食物几乎包括所有昆虫（包括螳螂），也捕食其他类群的小动物，如蜘蛛、蝎子、蛙等。

识别要点： 体型很大，雌、雄体长都在70mm以上。前胸宽阔，头显得较小。体色从草绿色到褐色及各种程度的中间过渡色型都有。后翅具有大型的黑斑。

中华大刀螳

拉丁名：*Tenodera sinensis*

▲ 交配中的中华大刀螳。

◀ 遇到危险后竖直身体，抬起前臂做恐吓状的中华大刀螳。

▶ 正在岩壁上产卵的中华大刀螳。

▼ 雌性褐色型中华大刀螳成虫。

雌性

螳科。

分布几乎遍及全国。

习性同中华大刀螳相似。

识别要点：雄虫体长48～60mm，雌虫体长43～88mm，前足基节内侧具一黑色斑或茧状斑，并满布有小白点，腿节内侧靠近爪沟处具一黄色斑。体色以绿色型居多，也有浅米褐色型个体，前翅前缘脉褐色。

薄翅螳

拉丁名：*Mantis religiosa*

▲ 正准备捕食黄刺蛾幼虫的薄翅螳。

◀ 棕色型薄翅螳成虫（雌）。

螳科。

除我国东北地区及西北、西南等部分地区外，几乎遍及全国。

▲ 作出警戒姿势恐吓天敌的雌性广斧螳。

非常凶猛，捕食多种昆虫（包括同类）。树栖性，低龄若虫栖息于较低处，4龄后逐渐移到树上，多栖息在榆、枣树上，偶尔在草丛中也可见到。

识别要点： 体型较大，雄性体长50mm左右；雌性体长60mm左右，且较为短粗。头显得较大，前胸短，腹部宽阔。前足基节前龙骨具2～4个较大的黄色疣突，多为3个。前翅具浅黄色翅痣；后翅透明。体色从草绿色到紫褐色及各种程度的中间过渡色型都有，以绿色最为常见。

广斧螳

拉丁名：*Hierodula patellifera*

▶ 褐色型广斧螳雄虫。

▼ 绿色型广斧螳雌虫。

◀ 交配中的广斧螳。

螳科。

分布于在我国河北以南大部分地区及西南部分地区。

栖息生境较多样，但更多见于较低的植被中，常见其在近地面处的草丛中和灌木上栖息。捕食其它昆虫（包括同类）。

识别要点： 体型中等。雄虫体长40~50mm；雌虫体长50~60mm。较为细瘦。体色多为深褐色也有浅至米褐色的个体，且满布深色细小的不规则点状斑。前足基节内侧基部具1黑色斑，腿节内侧靠近爪沟处具由粉色、白色、黑色相连组成的彩斑。

拉丁名：*Statilia maculata*

棕污斑螳

◀ 棕污斑螳特写。

▼ 野外少量个体呈绿色，但是否同种目前尚无定论。

草蛉科。
广布我国各地。

成虫和幼虫都以蚜虫、叶螨为食。幼虫会把猎物碎屑包裹好负于腹上。受惊吓时幼虫就隐藏于腹上的堆积物下，而成虫会分泌一种刺激性气味。

识别要点： 成虫体长8～11mm，前翅长13～15mm。身体大部分鲜绿色。触角第一节绿色，第二节黑色，其余黄褐色。足绿色，但跗节及爪全为褐色。翅透明，翅脉除前缘部分黑色外其余都为绿色。腹部绿色，被有灰色细毛。幼虫俗称蚜狮，体纺锤形，灰褐色，上颚发达。

拉丁名：*Chrysopa formosa*

丽草蛉

▲身背猎物碎屑的幼虫。

▶丽草蛉的卵都由一根长丝支撑着如同真菌一般。

蝶角蛉科。

分布于华北地区。

成虫栖息于山区。白天活动，飞行迅速。幼虫会捕食一些蚊蝇类幼虫。

识别要点： 成虫体长约33mm，前翅长约23mm。体态类似蜻蜓，但触角很长，末端膨大。头部密布绒毛。前翅接近基部的1/3黄色；后翅大部分黄色，边缘和中央有黑带。足胫节黄色；跗节及爪黑色。卵白色至褐色，野外发现时聚集于枝条上。幼虫上颚发达，齿状。腹部较短，半椭圆形。背面被有短刺和细毛。

拉丁名：*Ascalaphus sibericus*

黄花蝶角蛉

▲黄花蝶角蛉幼虫捕食小毛虫。

◀黄花蝶角蛉卵堆。

螳蛉科。

分布于华北、华东、华中、西北等地的部分地区。

成虫隐匿于深山中，有趋光性。

识别要点： 体长16～22mm，前翅长19～25mm。体态类似螳螂，头部三角形，复眼凸于两侧，前足为捕捉足。体黄色，前胸膨大处具有1褐色心形大斑；前足红色褐；翅面透明，翅脉黑色，翅痣狭长，红色褐；腹背有明显黑斑。

汉优螳蛉

拉丁名：*Eumantispa harmandi*

条斑次蚁蛉幼虫的陷阱。

蚁蛉科。

分布于华北、东北、华东等地的部分地区。

成虫生活于干燥的山林里，6～9月发生。幼虫即著名的蚁狮，生活于沙地中，并且会造出一个漏斗型小坑，当蚂蚁或其它小型昆虫不慎掉入其中时，其幼虫就会用强大的上颚不断拨动沙砾迫使猎物下坠从而把它们捕获。

识别要点： 体长30～34mm，翅长32～41mm。头部黄色，额中央有3个小黑斑。翅透明，翅痣黄白色，翅脉大部分黄色。前翅前缘脉上密布黑褐色的小斑点；后翅近翅尖端处有1黑褐色条斑，但有的雄性此斑并不明显，雌性均很明显。

拉丁名：*Deutoleon lineatus*

条斑次蚁蛉

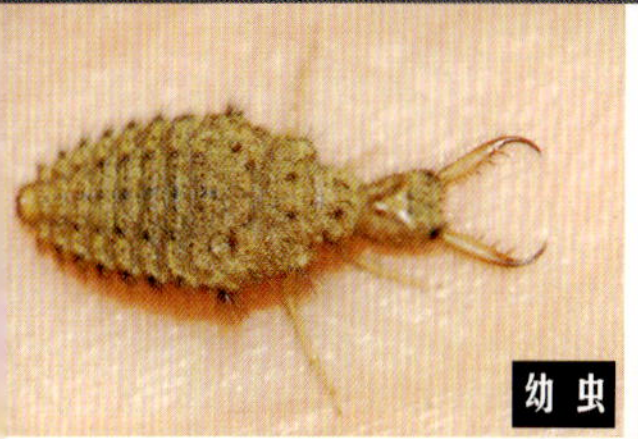

幼虫

条斑次蚁蛉幼虫正捕猎蚂蚁。

触啮

啮科 触啮属。
多见于我国南方。

成虫和若虫均群集于阴暗的叶下或树皮上，取食苔藓或菌类，善于爬行，活泼多动。

识别要点： 体微小。色彩鲜艳多变。后唇基特别发达，膨大如球状；触角极长，超过体长1.5倍以上；翅上有许多褐斑或色带。

白蚁

科名：Termitidae

白蚁科。

世界已知3000多种，绝大部分都生活在热带。

成虫像蚂蚁，但体胖、无色，所以叫白蚁。白蚁是建筑物、水利工程、储存物资等的大敌。

等翅目因前、后翅的大小、形状相等而得名。这是一类社会性昆虫，具有集群的巢居习性和复杂的品级分化。因其习性有趣且经济意义突出，很早就已引起了人们的重视。

识别要点：体长一般为3.5~6mm。触角念珠状。口器咀嚼式。有翅型白蚁在婚飞后翅膀脱落，仅留下翅鳞。腹节10节，有尾须。外生殖器不明显。

蝎蛉科。
主要分布于我国北方。

成虫地域性很强，常生活于人烟稀少的密林中，捕食小昆虫或取食昆虫尸体。是一类重要的生态环境无干扰的指示昆虫。

识别要点： 体中型，细长。头向腹面延伸成宽喙状，口器咀嚼式，位于喙的末端。触角长，呈丝状。翅两对，膜质，前、后翅大小、形状和脉序相似，翅面通常有斑点和色带。足跗节末端 2 爪。雄性外生殖器球状，并上举，形似蝎尾。

蝎蛉

拉丁名：*Panorpa* sp.

雌虫

正在取食胡蜂尸体的雄性蝎蛉。

盲蛇蛉

拉丁名：*Inocellia* sp.

盲蛇蛉科。
分布于我国南北地区。

蛇蛉目昆虫种类较少，多为罕见种类，分为蛇蛉科和盲蛇蛉科。幼虫生活于树皮下，成、幼虫均为捕食性。

识别要点：体色多黑色，具黄斑，前胸延长，头有细颈。

竹节虫

科名：Phasmatidae

▲海南的刺䗛。

◀云南的杆䗛。

䗛科。

分布区集中于我国南方。

常附于树枝上，种类非常多，对树枝的拟态可谓惟妙惟肖。活动性非常低。

识别要点：本科种类触角分节明显，较短，通常短于前腿节。胸部无翅。中后足腿节腹面具小齿。

在交配中的杆䗛。

刺䗛的警戒姿势。

蜕皮中的杆䗛。

▲ 生活在水里的石蝇稚虫。

卷𫗴科。
多分布于温带。

稚虫多生活在通气良好，水温较低的水域中，多食藻类。成虫有趋光性。

识别要点：石蝇为本科有名的种类。体小型。尾须短，仅1节。静止时翅向腹部卷折。

科名：Leuctridae 石蝇

▼潜入水中的石蝇成虫。

石蛃

石蛃科。

分布于华北、华东、华南、华中、西南等地的部分地区。

此类为表变态昆虫，刚孵化的幼虫不具有鳞片，但随着龄期的增长，会逐渐长出鳞片、针突和针突内侧不易观察到的伸缩囊。一般生活在溪流边被有苔藓植物的石头上，受到惊吓时会灵敏地跳跃。

识别要点：成虫长约11mm（不包括尾须）。虫体背侧高高的拱起。头部复眼大而圆。胸部3节，各具胸足1对。腹部11节，第二至九节腹面具有针突。尾丝覆有鳞片。

管蓟马

科名：Phlaeothripidae

管蓟马科。

我国广泛分布，多见于南方。

成体和幼体常躲藏于植物花内或嫩叶丛中，多数种类为植食性，但也有菌食性、腐食性，甚至捕食性的。

识别要点： 本科种类体型微小，成虫一般1～3mm。触角6～8节，口器锉吸式。足的跗节端部具有如同囊状可伸缩的端胞。成虫分为有翅型与无翅型。有翅型翅狭长，边缘常有缨毛。雌、雄第十腹节呈圆筒状。

人蚤

拉丁名：*Pulex irritans*

正在吸血的人蚤。

蚤科。

主要分布于我国华北一带。

蚤类的宿主非常广泛，大部分寄生于哺乳动物体内。由于蚤类的侵袭和吸血，可在人、畜间直接引起骚扰、皮炎、贫血（家畜）。更可怕的是它们还可作为传播鼠疫、地方性斑疹伤寒等重要疾病的媒介。

识别要点：成虫体小而侧扁，体壁硬而光滑，其上有许多向后着生的鬃毛。成虫口器为刺吸式。无翅。有三对足，后足发达，善跳跃。

拉丁名：*Heptagenia chinensis*

中国扁蜉

生活在水中的扁蜉稚虫。

扁蜉科。

分布于华北部分地区。

蜉蝣的稚虫多生活于洁净的山间溪流的石块下，常捕食一些水生无脊椎动物如石蝇、石蛾、蜻蜓等的幼体。当稚虫羽化后即成为亚成虫，隐藏在溪流附近的叶子下面，一般不活动，约24小时后才蜕皮为成虫。成虫生存的时间为1天左右，同亚成虫一样不进食。当交配结束后，大量的雄虫落于水面而成为鱼类的美餐；而雌虫也在完成使命后飘然而逝。

识别要点： 体长9～10mm。复眼较大，黑色，额上有两个较明显的圆形黑点。胸赭褐色。翅透明，前翅长9～10mm，前缘区域及翅痣呈琥珀黄色；后翅发达。各足腿节黄色，跗节黑色。腹部深赭黄色，在第二至八腹节各节背板中线上有一淡红褐色纵纹，此纹呈倒“T”字形。尾须两根。

石蛾科。
分布于华北部分地区。

幼虫生活于山地间有洁净溪流的地带，躲藏于自己建造的圆筒形“房屋”中。成虫白天隐藏于溪流旁的灌木丛中，黄昏时活动，有趋光性。

识别要点：体长约40mm，前翅长32mm。体态类似蛾子。虫体黑色，但前翅有黑白相间的色斑，后翅乳白色。触角黑色，丝状。

斑石蛾

拉丁名：*Holostomis phalaenoides*

▲用水底落叶织巢的斑石蛾幼虫。

◀离巢的石蛾幼虫。

拉丁名：*Forficula davidi*

达球螋

球螋科。

分布于我国除华东外的大部分地区。

常生活在石块下、树皮或垃圾堆中，夜间出来活动，杂食性。革翅目部分种类有给幼虫喂食的行为。

识别要点： 体长9～15.5mm。体形狭长，褐红色或褐色，头部深红色，鞘翅和尾铗褐红色或浅褐色。头部较大。复眼小。触角12节。雌、雄尾铗有明显区别，而且尾铗有长型和短型之分。图中的是雄性、长型。

跳虫

科名：Hypogastruridae

球角跳虫科。
遍布我国南北。

栖息于湿润的土层中，善跳跃。有时户外的花盆里就可见到。

识别要点：这类无翅昆虫一般体长1～8mm。头有小眼面，有时缺少。触角4节。有的附肢特化为第三腹节的握弹器和第四腹节的跳器。

美洲大蠊

蜚蠊科。

全球热带、亚热带及温带均可见。

多于夜间活动。生活于居民住宅、饭店、商店、医院等人群密集区。取食各种食品、药材、纸张。

识别要点： 成虫体长38～42mm。头顶及复眼黑褐色。复眼间距雄虫窄雌虫宽。前胸背板略呈梯形，前缘几乎平直，后缘弧形，中央有一黑褐色大斑。前翅赤褐色；后翅色较淡，除尾须外完全覆盖腹部。足赤褐色至黑褐色。

德国小蠊

拉丁名：*Blattela germanica*

◀野外生活的德国小蠊成虫。

姬蠊科。

除温度极低的地区外遍布全球。

多于夜间出行觅食，生活于食物丰盛且温度较高的室内如宾馆、食堂等地。雌虫并不直接把卵产下而是背负在腹末端直至幼虫诞生。

识别要点：成虫体长12～14mm。雄虫腹部窄长，而雌虫较短宽。深黄色的前胸背板背面有两条较粗、黑色但不相连的纵条纹。腹部末节外露，尾须稍往上弯曲。

中文名索引

十二画

十三画

十四画

十五画以上

拉丁名索引

D

E

主要参考文献

1.中国动物志・昆虫纲（相关卷册）.北京：科学出版社
2.中国经济昆虫志（相关卷册）.北京：科学出版社
3.郑乐怡，归鸿.昆虫分类.南京：南京师范大学出版社，1999
4.中国科学院动物研究所.中国科学院动物研究所昆虫图册(第三号)・天敌昆虫图册.北京：科学出版社，1978
5.中国林业科学研究院主编.中国森林昆虫.北京：中国林业出版社，1983
6.赵梅君等.多彩的昆虫世界.上海：上海科学普及出版社，2005
7.河北森林昆虫图册编写组.河北森林昆虫图册.石家庄：河北科学技术出版社，1985
8.湖南森林昆虫编写委员会.湖南森林昆虫.长沙：湖南科技出版社，1992
9.黄邦侃.福建昆虫志.福州：福建科学技术出版社，1999
10.吴鸿，潘承文.浙江天目山昆虫.北京：北京科学出版社，2001
11.周尧.中国蝶类志(上、下册).郑州:河南科学技术出版社，1994
12.周尧.中国蝴蝶分类与鉴定. 郑州:河南科学技术出版社，1998
13.周尧.中国蝴蝶原色图鉴.郑州:河南科学技术出版社，1999
14.王敏.中国灰蝶志.郑州:河南科学技术出版社，2002
15.王治国等.河南蝶类志.郑州:河南科学技术出版社，1990
16.杨宏.北京蝶类原色图鉴.北京:科学技术文献出版社，1994
17.朱弘复等.蛾类幼虫图册(一).北京:科学出版社，1979
18.中国科学院动物研究所.中国蛾类图鉴(一)(二)(三)(四).北京:科学出版社，1981
19.刘广瑞等.中国北方常见金龟子彩色图鉴.北京:中国林业出版社，1997
20.江世宏.中国经济叩甲图志.北京:中国农业出版社，1999
21.王直诚.东北天牛志.长春：吉林科学技术出版社 2003
22.祝长清.河南昆虫志・鞘翅目一.郑州:河南科学技术出版社，1999
23.赵修复.中国春蜓分类.福州：福建科学技术出版社，1990
24.隋敬之、孙国洪.中国习见蜻蜓.北京：农业出版社，1984
25.刘举鹏.中国蝗虫鉴定手册、香港:天则出版社，1990.
26.萧采瑜等.中国蝽类昆虫鉴定手册（半翅目异翅亚目)(一)(二).北京：科学出版社，1977，1981
27.汤祊德.中国园林主要蚧虫（一）（二）（三）.太原:山西农业大学出版社，1977
28.杨友兰，王全寿.山西蚜蝇志.北京：中国农业科技出版社，2002
29.李铁生.中国农区胡蜂.北京:农业出版社，1982
30.王天齐.中国螳螂目分类概要.上海：上海科学技术文献出版社，1993
31.李法圣.中国啮虫志.北京：科学出版社，2001
32.伊藤修四郎.原色日本昆虫图鉴（8th Printed).日本大阪：保育社，1985
33.朝比奈正二郎.日本昆虫分类图说（第1集第1部).日本东京：北隆馆，1961
34 石田昇三.原色日本昆虫图鉴IIトンボ篇（4th Printed).日本大阪：保育社，1984
35.Fraser.Fauna of British India Odonata.Vol.1，2，3. London：Taylor and Francis，Red Lion Court Fleet Street，1933.

CHANG JIAN KUN CHONG